# essentials

*Essentials* liefern aktuelles Wissen in konzentrierter Form. Die Essenz dessen, worauf es als „State-of-the-Art“ in der gegenwärtigen Fachdiskussion oder in der Praxis ankommt. *Essentials* informieren schnell, unkompliziert und verständlich

- als Einführung in ein aktuelles Thema aus Ihrem Fachgebiet
- als Einstieg in ein für Sie noch unbekanntes Themenfeld
- als Einblick, um zum Thema mitreden zu können

Die Bücher in elektronischer und gedruckter Form bringen das Fachwissen von Springerautor*innen kompakt zur Darstellung. Sie sind besonders für die Nutzung als eBook auf Tablet-PCs, eBook-Readern und Smartphones geeignet. *Essentials* sind Wissensbausteine aus den Wirtschafts-, Sozial- und Geisteswissenschaften, aus Technik und Naturwissenschaften sowie aus Medizin, Psychologie und Gesundheitsberufen. Von renommierten Autor*innen aller Springer-Verlagsmarken.

Dieter Riebesehl

# Normalformen von Matrizen

## Fundamentale Werkzeuge der Mathematik

Dieter Riebesehl
Fakultät Management und Technologie
Leuphana Universität Lüneburg
Lüneburg, Deutschland

ISSN 2197-6708 ISSN 2197-6716 (electronic)
essentials
ISBN 978-3-662-73185-7 ISBN 978-3-662-73186-4 (eBook)
https://doi.org/10.1007/978-3-662-73186-4

Die Deutsche Nationalbibliothek verzeichnet diese Publikation in der Deutschen Nationalbibliografie; detaillierte bibliografische Daten sind im Internet über https://portal.dnb.de abrufbar.



Springer Spektrum ist ein Imprint der eingetragenen Gesellschaft Springer-Verlag GmbH, DE und ist ein Teil von Springer Nature.
Die Anschrift der Gesellschaft ist: Heidelberger Platz 3, 14197 Berlin, Germany

# Was Sie in diesem *essential* finden können

- Eine Bereitstellung der nötigen Methoden und Werkzeuge der linearen Algebra
- Eine Herleitung und Beschreibung der wichtigsten Normalformen von Matrizen
- Beispiele für die Anwendung auf konkrete Probleme

**Competing Interests** Der/die Autor*in hat keine relevanten Interessenskonflikte im Zusammenhang mit dieser Publikation.

# Inhaltsverzeichnis

# 1 Methoden der linearen Algebra

Die Theorie der Normalformen von Matrizen ist ein Teilgebiet der linearen Algebra, das reichhaltige Beziehungen zu anderen mathematischen Gebieten aufweist. Zum Verständnis der Normalformen sind eine Reihe von Vorkenntnissen erforderlich. In diesem Kapitel werden die Definitionen und Tatsachen zusammengestellt, die wir in diesem essential benötigten werden. Ein paar Dinge müssen wir aber beim Leser oder der Leserin voraussetzen. Diese betreffen vor allem den Umgang mit Matrizen und deren Eigenschaften. Sie sollten mit folgenden Begriffen vertraut sein:

- Rang einer Matrix $A$,
- Determinante $\mathrm{Det}(A)$,
- reguläre und singuläre Matrizen,
- Inverse $A^{-1}$,
- transponierte Matrix.

Zwei besondere Matrizen bekommen eigene Bezeichnungen: Die Nullmatrix bezeichnen wir mit $\mathbb{O}$ oder $\mathbb{O}_{n,m}$, wenn ihre Dimension genau bezeichnet werden soll. Die Einheitsmatrix schreiben wir $\mathbb{1}$ oder entsprechend $\mathbb{1}_n$. Da sie quadratisch ist, brauchen wir nur eine Dimensionsangabe. Vektoren werden notiert, das gilt auch für den Nullvektor $\mathbf{0}$.

Die grundlegenden Eigenschaften von Vektorräumen und Homomorphismen werden im Folgenden kurz und meistens mit Beweisen zusammengestellt.



D. Riebesehl, *Normalformen von Matrizen*, essentials,
https://doi.org/10.1007/978-3-662-73186-4_1

## 1.1 Einleitung und Motivation

Die grundsätzliche Idee hinter Normalformen von Matrizen besteht darin, eine Äquivalenzrelation auf Matrizen zu definieren und anschließend in jeder Äquivalenzklasse einen möglichst eindeutig bestimmten Repräsentanten mit besonders schönen Eigenschaften, einer übersichtlichen Struktur oder praktischen Anwendungsmöglichkeiten auszuzeichnen. Dieser Repräsentant ist dann die Normalform aller Matrizen in dieser Klasse. Es gibt natürlich verschiedene Auffassungen von „schön" und damit auch verschiedene Normalformen in derselben Klasse.

Letztlich geht es bei Normalformen aber gar nicht um Matrizen, sondern um die durch sie repräsentierten Homomorphismen. Ziel der verschiedenen Normalformen ist es, die speziellen Eigenschaften der Homomorphismen deutlich sichtbar herauszustellen. Die Wahl der Normalform wird also auch davon abhängen, welche Eigenschaften im jeweiligen Kontext als relevant angesehen werden.

Die Abb. 1.1 gibt eine Übersicht über die Normalformen, die wir uns in diesem Buch ansehen werden.

## 1.2 Vektorräume und Homomorphismen

Wir beginnen mit den Definitionen von Vektorräumen und Homomorphismen, bevor wir uns innere Produkte, Basiswechsel, Matrixpolynome und Unterräume zu einem Morphismus ansehen, welches alles wichtige Bausteine für Normalformen sind.

### 1.2.1 Endlichdimensionale Vektorräume

**Definition 1.1** Ein **Vektorraum** über einem Körper $k$ ist eine Menge $V$ von Elementen, die Vektoren genannt werden. Auf dieser Menge ist eine Addition $+ : V \times V \to V$ und eine Multiplikation mit Elementen des Körpers, genannt Skalare, $k \times V \to V$, $(a, \boldsymbol{v}) \mapsto a \cdot \boldsymbol{v}$, definiert[1]. Das Paar $(V, +)$ bildet eine kommutative Gruppe, und für die **Skalarmultiplikation** gelten die Regeln $a \cdot (\boldsymbol{v} + \boldsymbol{w}) = a \cdot \boldsymbol{v} + a \cdot \boldsymbol{w}$, $(a + b) \cdot \boldsymbol{v} = a \cdot \boldsymbol{v} + b \cdot \boldsymbol{v}$, $(ab) \cdot \boldsymbol{v} = a \cdot (b \cdot \boldsymbol{v})$ und $1 \cdot \boldsymbol{v} = \boldsymbol{v}$. Das neutrale Element $\boldsymbol{0}$ bzgl. $+$ heißt Nullvektor, für den zu $\boldsymbol{v}$ inversen Vektor $(-\boldsymbol{v})$ gilt $(-\boldsymbol{v}) = (-1)\boldsymbol{v}$.
Vektoren werden stets als Spaltenvektoren geschrieben.

[1] Der Punkt $\cdot$ wird dabei meistens weggelassen.

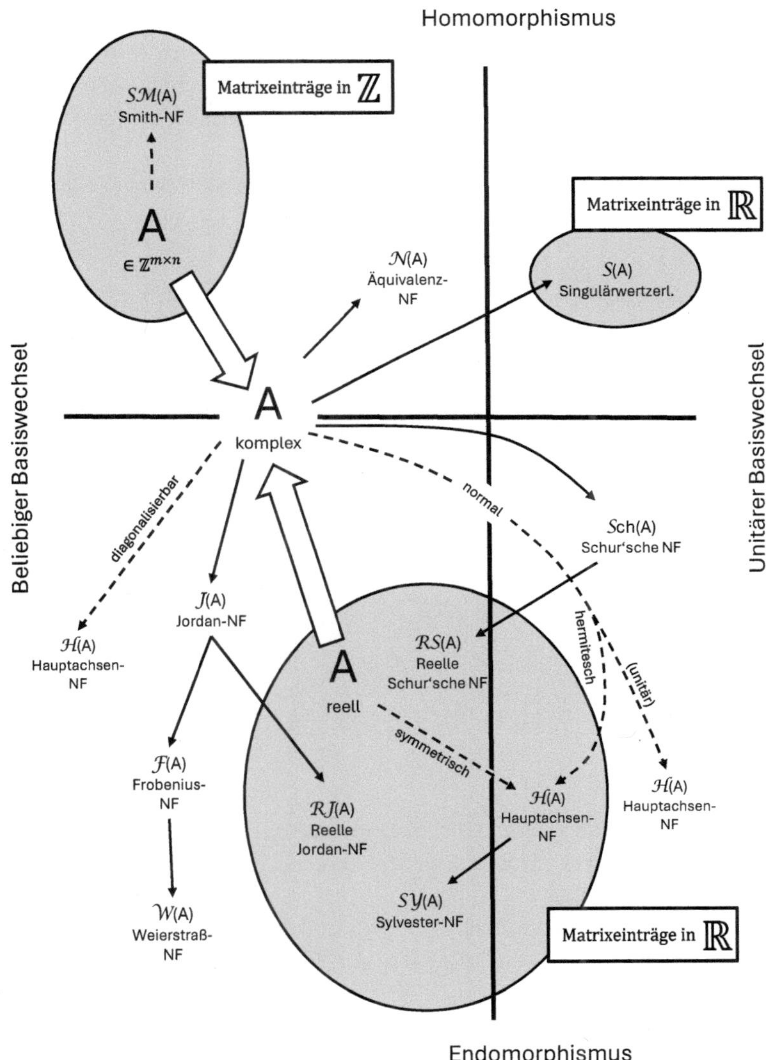


**Abb. 1.1 Übersicht über alle Normalformen in diesem Buch.** Die Normalformen sind hier danach angeordnet, ob sie für Homomorphismen oder Endomorphismen gelten und ob beliebige oder unitäre Basiswechsel vorgenommen werden. $\Rightarrow$: Matrixeinträge können stets als in $\mathbb{C}$ liegend angesehen werden. $\rightarrow$: Wege zu Normalformen, gestrichelt, wenn Bedingungen erfüllt sein müssen. Die grauen Bereiche mit Labeln $\mathbb{Z}$ und $\mathbb{R}$ geben Bereiche mit Matrixeinträgen in diesen Mengen an

Als Körper werden wir meistens den Körper der reellen oder komplexen Zahlen nehmen, d. h. $k \in \{\mathbb{R}, \mathbb{C}\}$, dafür verwenden wir den Buchstaben $\mathbb{K}$, der also für $\mathbb{R}$ oder $\mathbb{C}$ steht. Viele Formeln und Sätze in diesem essential werden auch für andere Körper richtig bleiben, außer natürlich in den Fällen, in denen sie explizit für $\mathbb{K} = \mathbb{R}$ oder $\mathbb{K} = \mathbb{C}$ formuliert sind.

Weiterhin werden wir uns auf endlichdimensionale Vektorräume beschränken:

**Definition 1.2**

- Ein Vektorraum $V$ hat die **Dimension** $n \in \mathbb{N} \cup \{0\}$, $\dim V = n$, wenn entweder $n = 0$ und $V = \{\mathbf{0}\}$ der Nullvektorraum ist, oder wenn es $n$ Vektoren $\boldsymbol{e}_1, \boldsymbol{e}_2, \ldots, \boldsymbol{e}_n \in V$ gibt, so dass jeder Vektor $\boldsymbol{v} \in V$ eine eindeutige Darstellung $\boldsymbol{v} = v_1\boldsymbol{e}_1 + v_2\boldsymbol{e}_2 + \cdots + v_n\boldsymbol{e}_n$ mit Zahlen $v_1, v_2, \ldots, v_n \in k$ hat. Eine geordnete Liste solcher Vektoren $\mathcal{B} = (\boldsymbol{e}_1, \boldsymbol{e}_2, \ldots, \boldsymbol{e}_n)$ heißt **Basis** von $V$. Die $v_i$ heißen die **Komponenten** des Vektors $\boldsymbol{v}$ zu dieser Basis.
- Eine Liste von Vektoren $\mathcal{L} = (\boldsymbol{a}_1, \ldots, \boldsymbol{a}_k)$ heißt **linear unabhängig,** wenn sie eine Basis des von ihr erzeugten Vektorraums $\operatorname{span}(\mathcal{L})$, der Menge aller Linearkombinationen $\alpha_1 \cdot \boldsymbol{a}_1 + \ldots + \alpha_k \cdot \boldsymbol{a}_k$, ist. Das ist gleichbedeutend damit, dass

$$0 \cdot \boldsymbol{a}_1 + \ldots + 0 \cdot \boldsymbol{a}_k = \mathbf{0}$$

die einzige Möglichkeit ist, den Nullvektor als Linearkombination von Vektoren aus $\mathcal{L}$ darzustellen.

Es gibt viele verschiedene Basen eines Vektorraumes, auch verschiedene Reihenfolgen der Basisvektoren ergeben verschiedene Basen. Die Anzahl der Basiselemente ist aber immer gleich.

Ein $n$-dimensionaler Vektorraum $V, n \geq 1$, ist isomorph zu $k^n$ mittels der Abbildung $\boldsymbol{v} \mapsto (v_1, v_2, \ldots, v_n) \in k^n$. Das Bild der Basis unter dieser Isomorphie sind die Einheitsvektoren[2] im $k^n$:

$$\boldsymbol{e}_i \mapsto (0, \ldots, 0, \underbrace{1}_{i}, 0, \ldots, 0)^{\mathsf{T}}$$

[2] Aus Platzgründen werden wir häufig Spaltenvektoren durch transponierte Zeilenvektoren darstellen.

Wir werden oft – in etwas missbräuchlicher Notation – den Vektor $\boldsymbol{v}$ mit seinem Bild unter dieser Isomorphie identifizieren und also

$$\boldsymbol{v} = (v_1, v_2, \dots, v_n)^{\mathsf{T}}$$

schreiben, ohne die zugrundeliegende Basis extra zu vermerken. So geschrieben ist auch $\boldsymbol{e}_i = (0, \dots, 0, \underbrace{1}_{i}, 0, \dots, 0)^{\mathsf{T}}$.

### 1.2.2 Lineare Abbildungen

Zentraler Gegenstand der Überlegungen zu Normalformen sind lineare Abbildungen:

**Definition 1.3** Eine **lineare Abbildung** oder **Homomorphismus** $f$ zwischen zwei Vektorräumen $V$ und $W$ ist eine Abbildung $f : V \to W$, welche die Operationen $+$ und $\cdot$ respektiert, d. h. $f(\boldsymbol{v}_1 + \boldsymbol{v}_2) = f(\boldsymbol{v}_1) + f(\boldsymbol{v}_2)$ und $f(a\boldsymbol{v}) = a \cdot f(\boldsymbol{v})$. Die Menge der linearen Abbildungen wird mit **Hom(*V*, *W*)** bezeichnet und ist selbst ein $k$-Vektorraum mit $(f_1 + f_2)(\boldsymbol{v}) := f_1(\boldsymbol{v}) + f_2(\boldsymbol{v})$ und $(a \cdot f)(\boldsymbol{v}) := a \cdot f(\boldsymbol{v})$. Ist $W = V$, dann heißen die Elemente von **Hom(*V*, *V*) Endomorphismen.**

Wenn nichts anderes gesagt ist, werden wir von nun an stets annehmen, dass $V$ die Dimension $n \geq 1$ hat und $W$ die Dimension $m \geq 1$.

Eine lineare Abbildung ist bereits eindeutig durch die Bilder der Basis $\mathcal{B}$ von $V$ festgelegt, also durch $\boldsymbol{a}_1 = f(\boldsymbol{e}_1), \boldsymbol{a}_2 = f(\boldsymbol{e}_2), \dots, \boldsymbol{a}_n = f(\boldsymbol{e}_n) \in W$. Dabei sind die $\boldsymbol{a}_i$ als Spaltenvektoren bezüglich einer Basis $\mathcal{B}' = (\boldsymbol{w}_j)_{j=1,\dots,m}$ von $W$ gegeben: $\boldsymbol{a}_i = \sum_{j=1}^{m} a_{ij}\boldsymbol{w}_j$. Wir ordnen der linearen Abbildung $f$ die $(m \times n)$-Matrix[3]

$$A = (\boldsymbol{a}_1, \boldsymbol{a}_2, \dots, \boldsymbol{a}_n) = \begin{pmatrix} a_{11} & a_{12} & \dots & a_{1n} \\ a_{21} & a_{22} & \dots & a_{2n} \\ \vdots & \vdots & \ddots & \vdots \\ a_{m1} & a_{m2} & \dots & a_{mn} \end{pmatrix}$$

[3] Wir werden später oft Matrixeinträge, die 0 sind, einfach weglassen oder durch das Symbol $\mathbb{O}$ für eine (Teil-)Nullmatrix ersetzen.

zu. In Matrizenschreibweise ist dann

$$f(\boldsymbol{e}_i) = A \cdot \boldsymbol{e}_i = \boldsymbol{a}_i,$$

die Matrix $A$ repräsentiert also die lineare Abbildung $f$. Auch hier werden die beiden Basen nicht extra notiert. Damit ist auch klar:

$$\dim \mathrm{Hom}(V, W) = nm.$$

| Im Folgenden wird stets $A$ die $f$ repräsentierende Matrix sein. |
|---|

### 1.2.3 Innere Produkte und adjungierte Homomorphismen

Im $\mathbb{C}^n$ ist ein **inneres Produkt** definiert:

$$\langle \boldsymbol{u}, \boldsymbol{v} \rangle := \overline{u_1} v_1 + \overline{u_2} v_2 + \cdots + \overline{u_n} v_n,$$

wobei $u_i$ und $v_i$ die Komponenten von $\boldsymbol{u}$ bzw. $\boldsymbol{v}$ bzgl. der Standardbasis sind. Die Überstreichung meint die komplexe Konjugation. Das innere Produkt ist linear im zweiten Argument, aber nur semi-linear im ersten, denn es gilt

$$\langle \lambda \boldsymbol{u}, \boldsymbol{v} \rangle = \bar{\lambda} \langle \boldsymbol{u}, \boldsymbol{v} \rangle.$$

Weiterhin ist $\langle \boldsymbol{u}, \boldsymbol{u} \rangle \geq 0$ mit Gleichheit nur für $\boldsymbol{u} = \boldsymbol{0}$. $\|\boldsymbol{u}\| := \sqrt{\langle \boldsymbol{u}, \boldsymbol{u} \rangle}$ ist daher eine **Norm** auf $\mathbb{C}^n$.

Wenn $\langle \boldsymbol{u}, \boldsymbol{v} \rangle = 0$ ist, dann heißen $\boldsymbol{u}$ und $\boldsymbol{v}$ **orthogonal** und man schreibt $\boldsymbol{u} \perp \boldsymbol{v}$. Die Standardbasis $(\boldsymbol{e}_i)$ des $\mathbb{K}^n$ besteht aus paarweise orthogonalen Vektoren, die zudem normiert sind, also die Norm 1 haben. Eine solche Basis heißt **orthonormal.**

Das innere Produkt lässt sich auch als Matrixprodukt schreiben, wenn man die Operation der **Adjunktion,** geschreiben mit †, für Vektoren (und Matrizen) einführt, die für komplexe Konjugation zusammen mit einer Transposition steht, also $\boldsymbol{u}^\dagger := \bar{\boldsymbol{u}}^\mathsf{T}$. Dann ist

$$\langle \boldsymbol{u}, \boldsymbol{v} \rangle = \boldsymbol{u}^\dagger \boldsymbol{v}.$$

Für den $\mathbb{R}^n$ ist die Definition des inneren Produktes identisch, die Konjugation ist aber wirkungslos und kann wegfallen. Weil nun Faktoren $\lambda \in \mathbb{R}$ sind, ist das innere Produkt in beiden Argumenten linear.

Mit der Adjunktion kann man jedem Homomorphismus $f \in \mathrm{Hom}(V, W)$ den **adjungierten** Homomorphismus $f^\dagger \in \mathrm{Hom}(W, V)$ zuordnen, der durch die Matrix $A^\dagger$ repräsentiert wird. Die beiden Homomorphismen $f$ und $f^\dagger$ spielen eine schöne Rolle beim inneren Produkt. Seien nämlich $\boldsymbol{v} \in V$ und $\boldsymbol{w} \in W$ zwei Vektoren, dann ist

$$\langle \boldsymbol{w}, f(\boldsymbol{v})\rangle = \boldsymbol{w}^\dagger A\boldsymbol{v} = (A^\dagger \boldsymbol{w})^\dagger \boldsymbol{v} = \langle f^\dagger(\boldsymbol{w}), \boldsymbol{v}\rangle,$$

mit Hilfe des adjungierten Homomorphismus kann man also in einem inneren Produkt „die Seite wechseln".

Wir definieren noch:

**Definition 1.4** Eine Matrix heißt **symmetrisch,** wenn $A = A^\mathsf{T}$ ist, und sie heißt **hermitesch,** wenn $A = A^\dagger$ gilt. Letzteres ist nur interessant für Vektorräume über $\mathbb{C}$, über $\mathbb{R}$ fallen beide Begriffe zusammen: Eine symmetrische reelle Matrix ist automatisch hermitesch.

Ein Endomorphismus $f \in \mathrm{Hom}(V, V)$ heißt **selbstadjungiert** wenn $f = f^\dagger$ ist. Er wird dann durch eine hermitesche Matrix repräsentiert.

## 1.2.4 Basiswechsel

Wir schauen uns nun an, wie sich die einen Vektor repräsentierenden Spaltenvektoren ändern, wenn eine zweite Basis $\mathcal{B}_1 = (\boldsymbol{b}_1, \boldsymbol{b}_2, \ldots, \boldsymbol{b}_n)$ von $V$ gewählt wird. Um die Notation möglichst einfach zu halten, vereinbaren wir, dass ein Vektor stets durch denselben Buchstaben beschrieben wird, der gleichnamige Spaltenvektor unter der neuen Basis aber einen Strich bekommt. Ist also $\boldsymbol{v} = v_1'\boldsymbol{b}_1 + v_2'\boldsymbol{b}_2 + \cdots + v_n'\boldsymbol{b}_n$, dann schreiben wir $\boldsymbol{v}' = (v_1', v_2', \ldots, v_n')^\mathsf{T}$ für den neuen Spaltenvektor[4].

Mit der Matrix

$$S = (\boldsymbol{b}_1, \boldsymbol{b}_2, \ldots, \boldsymbol{b}_n),$$

bestehend aus den neuen Basisvektoren als Spalten, genannt **Transformationsmatrix,** gilt nun

[4] Um es ganz deutlich zu machen: $\boldsymbol{v}$ bezeichnet sowohl den abstrakten Vektor, als auch seine Repräsentation als Spaltenvektor zur Basis $(\boldsymbol{e}_i)$, aber $\boldsymbol{v}'$ bezeichnet nur den Spaltenvektor zur neuen Basis.

$$\boldsymbol{b}_i = S \cdot \boldsymbol{e}_i$$

und folglich

$$S \cdot \boldsymbol{v}' = \sum_{i=1}^{n} v_i' \boldsymbol{b}_i = \sum_{i=1}^{n} v_i \boldsymbol{e}_i = \boldsymbol{v}.$$

Multiplikation mit $S$ wandelt also den neuen Spaltenvektor in den alten um. Umgekehrt hat man dann

$$\boldsymbol{v}' = S^{-1} \cdot \boldsymbol{v}.$$

Dass $S$ eine Inverse hat, folgt unmittelbar daraus, dass die $\boldsymbol{b}_i$ eine Basis bilden.

Die Matrix, die eine lineare Abbildung repräsentiert, ändert sich ebenfalls bei einem Wechsel der Basen. Wir betrachten zunächst den Fall eines Endomorphismus $f: V \to V$. Die Matrix zu $f$ bekommt für beide Basen denselben Buchstaben $A$, aber wenn sie sich auf die neue Basis bezieht, bekommt sie wieder einen Strich: $A'$.

Schauen wir auf einen beliebigen Vektor $\boldsymbol{v}$ und sein Bild $\boldsymbol{u}$ unter $f$, dann können wir schreiben

$$\begin{aligned} S \cdot \boldsymbol{u}' = \boldsymbol{u} &= A \cdot \boldsymbol{v} = A \cdot S \cdot \boldsymbol{v}', \\ \boldsymbol{u}' &= S^{-1} A S \cdot \boldsymbol{v}', \end{aligned}$$

andererseits ist mit unserer Schreibweise $\boldsymbol{u}' = A' \cdot \boldsymbol{v}'$, also transformiert sich die Matrix so:

$$A' = S^{-1} A S$$

Matrizen $A$ und $A'$, die auf diese Weise auseinander hervorgehen, also denselben Endomorphismus in unterschiedlichen Basen darstellen, heißen **ähnlich** und wir schreiben $A \simeq A'$.

Für ein allgemeines $f : V \to W$ und eine neue Basis $(z_i)_{i=1,\ldots,m}$ von $W$ bilden wir entsprechend die Transformationsmatrix $T = (z_1, z_2, \ldots, z_m)$. In der obigen Rechnung ist dann die einzige Änderung, dass nun $T \cdot \boldsymbol{u}' = \boldsymbol{u}$ ist und also $A' = T^{-1} A S$.

Matrizen $A$ und $A'$, die denselben Homomorphismus zu unterschiedlichen Basen in beiden Vektorräumen darstellen, heißen **äquivalent,** wir schreiben $A \sim A'$.

Die Standardbasisvektoren im $\mathbb{K}^n$ sind orthonormal. Besonders interessant sind deshalb Basiswechsel zu Basen, die wieder diese Eigenschaft haben. Die Transformationsmatrizen haben dann klarerweise auch orthonormale Spaltenvektoren.

**Definition 1.5 (und Satz)** Eine Matrix $A$ mit orthonormalen Spaltenvektoren heißt im Falle $\mathbb{K} = \mathbb{R}$ **orthogonal,** im Falle $\mathbb{K} = \mathbb{C}$ **unitär.** Sie hat dann die Eigenschaft

$$A^{\mathsf{T}}A = AA^{\mathsf{T}} = \mathbb{1} \qquad \text{bzw.} \qquad A^{\dagger}A = AA^{\dagger} = \mathbb{1},$$

oder gleichbedeutend

$$A^{\mathsf{T}} = A^{-1} \qquad \text{bzw.} \qquad A^{\dagger} = A^{-1}.$$

Orthogonale und unitäre Matrizen erhalten das innere Produkt:

$$\langle A\boldsymbol{u}, A\boldsymbol{v}\rangle = \boldsymbol{u}^{\dagger}A^{\dagger}A\boldsymbol{v} = \boldsymbol{u}^{\dagger}\boldsymbol{v} = \langle \boldsymbol{u}, \boldsymbol{v}\rangle.$$

Wir werden im Folgenden versuchen, Argumentationen für Vektorräume über $\mathbb{K}$ nur für $\mathbb{K} = \mathbb{C}$ durchzuführen. In der Argumentation für $\mathbb{K} = \mathbb{R}$ muss man dann nur „hermitesch“ durch „symmetrisch“ und „unitär“ durch „orthogonal“ ersetzen sowie Konjugationen weglassen.

Später werden wir noch Matrizen benötigen, die **normal** sind, d. h. die mit ihrer adjungierten Matrix kommutieren, also $AA^{\dagger} = A^{\dagger}A$. Wir halten noch folgende leicht nachzuprüfende Tatsachen fest:

**Satz 1.6**

1. *Unitäre Matrizen sind nach einem unitären Basiswechsel wieder unitär.*
2. *Normale Matrizen sind nach einem unitären Basiswechsel wieder normal.*

**Bemerkung**

Normale Matrizen sind an sich vermutlich nicht besonders interessant, abgesehen von ihrer Rolle im späteren Beweis von Satz 2.4, da sie sehr unübersichtlich aussehen können. Die allgemeine normale 2×2-Matrix z. B. hat die folgende Gestalt (Übungsaufgabe!):

$$\begin{pmatrix} a & b \\ \bar{b}e^{2i\phi} & a - re^{i\phi} \end{pmatrix} \quad \text{mit } a, b \in \mathbb{C},\ r, \phi \in \mathbb{R}.$$

### 1.2.5 Bilinear- und Sesquilinearformen

Eine Verallgemeinerung des inneren Produktes sind Bilinear- und Sesquilinearformen[5], von denen wir nur die symmetrischen bzw. hermiteschen Varianten betrachten werden:

**Definition 1.7** Eine **hermitesche Sesquilinearform** ist eine Abbildung $\langle\langle ., . \rangle\rangle : V \times V \to \mathbb{K}$ mit den Eigenschaften

$$\begin{aligned} \langle\langle \boldsymbol{v}, \lambda \boldsymbol{w}_1 + \boldsymbol{w}_2 \rangle\rangle &= \lambda \langle\langle \boldsymbol{v}, \boldsymbol{w}_1 \rangle\rangle + \langle\langle \boldsymbol{v}, \boldsymbol{w}_2 \rangle\rangle, \\ \langle\langle \boldsymbol{v}, \boldsymbol{w} \rangle\rangle &= \overline{\langle\langle \boldsymbol{w}, \boldsymbol{v} \rangle\rangle}. \end{aligned} \tag{1.1}$$

für $\lambda \in \mathbb{K}$. Im Fall $\mathbb{K} = \mathbb{R}$ spricht man von einer **symmetrischen Bilinearform.**

[5] Der Name kommt vom lateinischen *sesqui* mit der Bedeutung von *eineinhalb,* was darauf verweist, dass sie in ihren Argumenten nur linear und semi-linear sind.

Sie ist also linear im zweiten Argument und semi-linear im ersten. Das sind auch die Eigenschaften des inneren Produktes, dieses erfüllt aber zusätzlich $\langle \boldsymbol{v}, \boldsymbol{v} \rangle \geq 0$ und $\langle \boldsymbol{v}, \boldsymbol{v} \rangle = 0 \iff \boldsymbol{v} = \boldsymbol{0}$.

Ist eine Basis $(\boldsymbol{e}_1, \ldots, \boldsymbol{e}_n)$ von $V$ gegeben, so ist für zwei Vektoren $\boldsymbol{v} = \sum_{i=1}^n v_i \boldsymbol{e}_i$ und $\boldsymbol{w} = \sum_{i=1}^n w_i \boldsymbol{e}_i$

$$\langle\!\langle \boldsymbol{v}, \boldsymbol{w} \rangle\!\rangle = \sum_{i,j=1}^{n} \bar{v}_i w_j \langle\!\langle \boldsymbol{e}_i, \boldsymbol{e}_j \rangle\!\rangle = \boldsymbol{v}^\dagger A \boldsymbol{w} = \langle \boldsymbol{v}, A\boldsymbol{w} \rangle$$

mit der Matrix $A = (a_{ij})$, $a_{ij} := \langle\!\langle \boldsymbol{e}_i, \boldsymbol{e}_j \rangle\!\rangle$. Wegen Gl. (1.1) ist $A$ hermitesch.

Eine hermitesche Matrix repräsentiert also nicht nur einen hermiteschen Endomorphismus, sondern auch eine hermitesche Sesquilinearform.

Ein Basiswechsel mit einer invertierbaren Matrix $S$ ändert die Matrix $A$ wie folgt (vergleiche mit Abschn. 1.2.4):

$$\langle\!\langle \boldsymbol{v}, \boldsymbol{w} \rangle\!\rangle = \langle\!\langle S\boldsymbol{v}', S\boldsymbol{w}' \rangle\!\rangle = (S\boldsymbol{v}')^\dagger A S \boldsymbol{w}' = \boldsymbol{v}'^\dagger S^\dagger A S \boldsymbol{w}' = \boldsymbol{v}'^\dagger A' \boldsymbol{w}' = \langle \boldsymbol{v}', A'\boldsymbol{w}' \rangle$$

mit $A' := S^\dagger A S$. Die Wirkung eines Basiswechsels auf eine Sesquilinearform unterscheidet sich also von der auf einen Endomorphismus dadurch, dass von links mit der adjungierten der Transformationsmatrix multipliziert wird statt mit der Inversen.

Matrizen $A$, $A'$, die auf diese Weise auseinander hervorgehen, also dieselbe hermitesche Sesquilinearform in unterschiedlichen Basen darstellen, heißen **kongruent.**

### 1.2.6 Matrixpolynome und der Satz von Cayley

Wir werden im Folgenden häufig von der Möglichkeit Gebrauch machen, in ein beliebiges Polynom $g(t) = \sum_{i=1}^k a_i t^i \in \mathbb{K}[t]$ eine quadratische Matrix $A$ einzusetzen. $g(A) = \sum_{i=1}^k a_i A^i$ ist mit $A^0 := \mathbb{1}$ eine wohldefinierte neue Matrix. Dies liegt daran, dass quadratische Matrizen mit ihrer Addition und Multiplikation einen Ring mit $\mathbb{1}$ als Eins bilden und dass eine Matrix $A$ mit allen ihren Potenzen kommutiert. Deshalb ist für zwei Polynome auch $(g_1 \cdot g_2)(A) = g_1(A) \cdot g_2(A) = g_2(A) \cdot g_1(A)$, usw.

Wenn $A$ einen Endomorphismus $f \in \mathrm{Hom}(V, V)$ repräsentiert, dann repräsentiert $g(A)$ einen Endomorphismus $g(f)$. Das liegt daran, dass bei einem Basiswechsel $A \to A' = S^{-1}AS$ in der neuen Basis $g(f)$ durch $g(A')$ repräsentiert wird. Das zeigt die folgende Rechnung:

$$S^{-1}g(A)S = \sum_{i=1}^{k} a_i S^{-1}A^i S = \sum_{i=1}^{k} a_i (A')^i = g(A')$$

$$\text{wegen} \quad (A')^2 = (S^{-1}AS)^2 = S^{-1}ASS^{-1}AS = S^{-1}A^2\,S = (A^2)' \text{ usw.}$$

Ein besonders wichtiges Polynom ist das **charakteristische Polynom** $\chi_A(t)$ einer Matrix, definiert durch

$$\chi_A(t) := \mathrm{Det}(t\mathbb{1} - A).$$

Wegen $\mathrm{Det}(t\mathbb{1} - S^{-1}AS) = \mathrm{Det}\big(S^{-1}(t\mathbb{1} - A)S\big) = \mathrm{Det}(S)\,\mathrm{Det}(S^{-1})\,\mathrm{Det}(t\mathbb{1} - A) = \mathrm{Det}(t\mathbb{1} - A)$ ist es von der Wahl der Basis unabhängig und hängt nur vom Endomorphismus $f$ ab, deshalb kann man definieren

$$\chi_f := \chi_A.$$

Wir benötigen den wichtigen

**Satz 1.8 (Cayley-Hamilton)** *Eine Matrix $A$ ist Nullstelle ihres charakteristischen Polynoms:*

$$\chi_f(f) = 0, \quad \chi_f(A) = \chi_A(A) = \mathbb{O},$$

*hier steht 0 für den Endomorphismus, der alles auf* **0** *abbildet.*

Für den Beweis müssen wir auf [4] verweisen.

Da es nun ein Polynom vom Grad $n$ gibt, dass auf $A$ verschwindet, muss es ein eindeutiges normiertes[6] Polynom $p_A$ von minimalem Grad geben mit $p_A(A) = \mathbb{O}$, dieses heißt **Minimalpolynom** von $A$. Die Eindeutigkeit folgt leicht daraus, dass die Differenz zweier verschiedener solcher Polynome einen kleineren Grad hätte und auch auf $A$ angewendet die Nullmatrix ergäbe.

[6] d. h. der Koeffizient der höchsten Potenz von $t$ ist 1.

Analog kann man zu jedem Vektor $\boldsymbol{v} \in V$ ein eindeutiges normiertes Polynom von minimalem Grad $p_{\boldsymbol{v}}$ finden mit $p_{\boldsymbol{v}}(A)\boldsymbol{v} = \mathbf{0}$, es heißt **Minimalpolynom** von $\boldsymbol{v}$.

Wir werden der Kürze wegen ab nun immer $g \cdot \boldsymbol{v}$ statt $g(A)\boldsymbol{v}$ schreiben.

**Satz 1.9**

1. *Für jedes Polynom g mit* $g \cdot \boldsymbol{v} = \mathbf{0}$ *gilt* $p_{\boldsymbol{v}}|g$.
2. *Für jedes Polynom g mit* $g(A) = \mathbb{O}$ *gilt* $p_A|g$. *Insbesondere gilt* $p_A|\chi_A$.
3. *Für zwei Vektoren* $\boldsymbol{a}$ *und* $\boldsymbol{b}$ *mit teilerfremden* $p_{\boldsymbol{a}}$ *und* $p_{\boldsymbol{b}}$ *ist* $p_{\boldsymbol{a}+\boldsymbol{b}} = p_{\boldsymbol{a}} \cdot p_{\boldsymbol{b}}$.
4. $p_{\boldsymbol{a}}, p_{\boldsymbol{b}}$ *nicht teilerfremd* $\Longrightarrow p_{\boldsymbol{a}+\boldsymbol{b}} = \mathrm{kgV}(p_{\boldsymbol{a}}, p_{\boldsymbol{b}})$

***Beweis*** Für 1. und 2. teilt man $g$ mit Rest durch $p_{\boldsymbol{v}}$ bzw. $p_A$. Wäre der Divisionsrest nicht das Nullpolynom, so hätte es kleineren Grad als das jeweilige Minimalpolynom, würde aber $\boldsymbol{v}$ bzw. $A$ annullieren, Widerspruch.

3. Wir rechnen

$$(p_{\boldsymbol{a}} p_{\boldsymbol{b}}) \cdot (\boldsymbol{a} + \boldsymbol{b}) = (p_{\boldsymbol{b}} p_{\boldsymbol{a}}) \cdot \boldsymbol{a} + (p_{\boldsymbol{a}} p_{\boldsymbol{b}}) \cdot \boldsymbol{b} = \mathbf{0}, \text{ also } p_{\boldsymbol{a}+\boldsymbol{b}}|p_{\boldsymbol{a}} p_{\boldsymbol{b}}.$$
$$(p_{\boldsymbol{a}+\boldsymbol{b}} p_{\boldsymbol{b}}) \cdot \boldsymbol{a} = (p_{\boldsymbol{a}+\boldsymbol{b}} p_{\boldsymbol{b}}) \cdot ((\boldsymbol{a} + \boldsymbol{b}) - \boldsymbol{b}) = (p_{\boldsymbol{b}} p_{\boldsymbol{a}+\boldsymbol{b}}) \cdot (\boldsymbol{a} + \boldsymbol{b}) - (p_{\boldsymbol{a}+\boldsymbol{b}} p_{\boldsymbol{b}}) \cdot \boldsymbol{b} = \mathbf{0},$$

also $p_{\boldsymbol{a}}|p_{\boldsymbol{a}+\boldsymbol{b}} p_{\boldsymbol{b}}$. Analog bekommt man $p_{\boldsymbol{b}}|p_{\boldsymbol{a}+\boldsymbol{b}} p_{\boldsymbol{a}}$. Da aber $p_{\boldsymbol{a}}$ und $p_{\boldsymbol{b}}$ teilerfremd sind, folgt $p_{\boldsymbol{a}}|p_{\boldsymbol{a}+\boldsymbol{b}}$, $p_{\boldsymbol{b}}|p_{\boldsymbol{a}+\boldsymbol{b}}$, zusammen $p_{\boldsymbol{a}} p_{\boldsymbol{b}}|p_{\boldsymbol{a}+\boldsymbol{b}}$, $\Longrightarrow p_{\boldsymbol{a}+\boldsymbol{b}} = p_{\boldsymbol{a}} p_{\boldsymbol{b}}$.

4. ist eine leichte Folgerung aus 3. □

### 1.2.7 Unterräume zu einer linearen Abbildung

Zunächst definieren wir Unterräume und direkte Summen:

**Definition 1.10 (und Satz)** Ein **Unterraum** eines Vektorraums $V$ ist eine Teilmenge davon, die unter Addition und Skalarmultiplikation abgeschlossen, also selbst ein Vektorraum ist.

Sind $U_1, U_2 \subset V$ zwei Unterräume, so heißt $V$ **direkte Summe** von $U_1$ und $U_2$, geschrieben $\boldsymbol{V = U_1 \oplus U_2}$, wenn sich jeder Vektor $\boldsymbol{v} \in V$ eindeutig als Summe $\boldsymbol{v} = \boldsymbol{u}_1 + \boldsymbol{u}_2$ mit $\boldsymbol{u}_i \in U_i$, $i = 1, 2$, schreiben lässt. Das ist genau dann der Fall, wenn $U_1 \cap U_2 = \{\mathbf{0}\}$ und $\dim V = \dim U_1 + \dim U_2$ ist.

***Beweis*** Die letzte Aussage folgt so: Sei $\boldsymbol{v} = \boldsymbol{u}_1 + \boldsymbol{u}_2 = \boldsymbol{w}_1 + \boldsymbol{w}_2$ mit $\boldsymbol{u}_1, \boldsymbol{w}_1 \in U_1$ und $\boldsymbol{u}_2, \boldsymbol{w}_2 \in U_2$, dann wäre $\boldsymbol{u}_1 - \boldsymbol{w}_1 = \boldsymbol{w}_2 - \boldsymbol{u}_2 \in U_1 \cap U_2$, also $\boldsymbol{u}_1 - \boldsymbol{w}_1 = \boldsymbol{0}$, $\boldsymbol{u}_1 = \boldsymbol{w}_1$ und folglich $\boldsymbol{u}_2 = \boldsymbol{w}_2$. □

Wir bemerken hier noch:

**Satz 1.11** *Jeder Unterraum $U \subset \mathbb{K}^n$ kann mit einer orthonormalen Basis versehen werden. Wenn insbesondere $U = \operatorname{span}(\boldsymbol{a}_1, \ldots, \boldsymbol{a}_k)$ von $k$ linear unabhängigen Vektoren erzeugt wird, dann lässt sich eine solche Basis $(\boldsymbol{b}_i)$ aus den $\boldsymbol{a}_i$ mit dem Gram-Schmidtschen Orthogonalisierungsverfahren erzeugen. Dabei ist für alle $1 \leq j \leq k$ stets $\operatorname{span}(\boldsymbol{a}_1, \ldots, \boldsymbol{a}_j) = \operatorname{span}(\boldsymbol{b}_1, \ldots, \boldsymbol{b}_j)$.*

Zum Beweis siehe [6, Kap. 7]

Wir sehen uns hier Unterräume an, die auf natürliche Weise einer linearen Abbildung $f\colon V \to W$ von $\mathbb{K}$-Vektorräumen zugeordnet sind. Zwei sehr naheliegende sind das **Bild** und der **Kern** von $f$:

$$\operatorname{Bild}(f) = \{f(\boldsymbol{v}) \in W \mid \boldsymbol{v} \in V\}, \qquad \operatorname{Kern}(f) = \{\boldsymbol{v} \in V \mid f(\boldsymbol{v}) = \boldsymbol{0}\}.$$

Für sie gilt der **Dimensionssatz:**

$$\dim V = \dim \operatorname{Bild}(f) + \dim \operatorname{Kern}(f). \tag{1.2}$$

Man nennt $\dim \operatorname{Bild}(f)$ den **Rang** von $f$ und **Spaltenrang** von $A$ und schreibt $\operatorname{Rang}(f)$ bzw. $\operatorname{Rang}(A)$. Es ist $\operatorname{Rang}(f) = \operatorname{Rang}(f^\dagger) = \operatorname{Rang}(A^\dagger)$, letzteren nennt man **Zeilenrang** von $A$. Ein Beweis davon wird sich nebenbei in Abschn. 2.1.1 ergeben.

Neben diesen Unterräumen gibt es noch weitere, die auf natürliche Weise zu $f$ gehören und die wir uns jetzt ansehen wollen. Die Beschränkung auf $\mathbb{K}$ ist nötig, weil wir das innere Produkt an zentraler Stelle brauchen. Die Unterräume sind am leichtesten aus der $f$ repräsentierenden Matrix $A$ abzulesen, wenn wir die Zeilenvektoren $z_i \in V$ und die Spaltenvektoren $\boldsymbol{a}_i \in W$ von $A$ verwenden:

$$A = (\boldsymbol{a}_1, \boldsymbol{a}_2, \dots, \boldsymbol{a}_n) = \begin{pmatrix} z_1^\top \\ z_2^\top \\ \vdots \\ z_m^\top \end{pmatrix}.$$

- $\operatorname{Bild}(f) = \operatorname{Bild}(A) := \operatorname{span}(\boldsymbol{a}_1, \boldsymbol{a}_2, \dots, \boldsymbol{a}_n) \subset W$,
- $\operatorname{Kern}(f) = \operatorname{Kern}(A) := \{\boldsymbol{v} \in V \mid A\boldsymbol{v} = \boldsymbol{0}\} \subset V$,
- $\operatorname{Bild}(f^\dagger) = \operatorname{Bild}(A^\dagger) := \operatorname{span}(\bar{z}_1, \bar{z}_2, \dots, \bar{z}_m) \subset V$,
- $\operatorname{Kern}(f^\dagger) = \operatorname{Kern}(A^\dagger) := \{\boldsymbol{w} \in W \mid A^\dagger \boldsymbol{w} = \boldsymbol{0}\} \subset W$.

Es ist

$$\operatorname{Bild}(A^\dagger)^\perp = \operatorname{Kern}(A),$$

das ergibt sich aus $0 = \langle \boldsymbol{w}, A\boldsymbol{v}\rangle = \boldsymbol{w}^\dagger A\boldsymbol{v} = \langle A^\dagger \boldsymbol{w}, \boldsymbol{v}\rangle$ für beliebige Vektoren $\boldsymbol{w} \in W$ und $\boldsymbol{v} \in \operatorname{Kern}(A)$.

Mit diesen Unterräumen erhält man Zerlegungen von $V$ bzw. $W$ in direkte Summen von Unterräumen, die für $\mathbb{K}$-Vektorräume sogar orthogonal zueinander sind:

$$V = \operatorname{Bild}(A^\dagger) \oplus \operatorname{Kern}(A), \qquad W = \operatorname{Bild}(A) \oplus \operatorname{Kern}(A^\dagger), \tag{1.3}$$

$$\operatorname{Bild}(A^\dagger) \perp \operatorname{Kern}(A), \qquad \operatorname{Bild}(A) \perp \operatorname{Kern}(A^\dagger). \tag{1.4}$$

Die Orthogonalitäten sind offensichtlich. Es ist weiterhin $\operatorname{Bild}(A^\dagger) \cap \operatorname{Kern}(A) = \operatorname{Bild}(A^\dagger) \cap \operatorname{Bild}(A^\dagger)^\perp = \{\boldsymbol{0}\}$, denn ein Vektor in diesem Schnitt ist zu allen Vektoren aus $\operatorname{Bild}(A^\dagger)$ orthogonal, also insbesondere zu sich selbst, was nur für den Nullvektor geht, damit ist $\operatorname{Kern}(A^\dagger) \oplus \operatorname{Bild}(A)$ geklärt. Ebenso schließt man für $\operatorname{Bild}(A) \oplus \operatorname{Kern}(A^\dagger)$.

Abb. 1.2 zeigt diese Zerlegungen, Unterräume werden dabei durch Rechtecke symbolisiert. Dass diese orthogonal zueinander sind, könnte man nur in mehr als zwei Dimensionen darstellen, die Symbole für rechte Winkel deuten dies aber an.

Dass sich jedesmal der ganze Vektorraum $V$ bzw. $W$ ergibt, folgt daraus, dass die direkte Summe die richtige Dimension hat: Setzt man $r = \operatorname{Rang}(A) = \dim \operatorname{Bild}(A) = \dim \operatorname{Bild}(A^\top) = \dim \operatorname{Bild}(A^\dagger)$, so ist $\dim \operatorname{Bild}(A^\dagger)^\perp = n - r$ und $\dim \operatorname{Bild}(A)^\perp = m - r$. Damit haben wir auch die zwei Isomorphismen $f\colon \operatorname{Bild}(A^\dagger) \xrightarrow{\cong} \operatorname{Bild}(A)$ und $f^\dagger\colon \operatorname{Bild}(A) \xrightarrow{\cong} \operatorname{Bild}(A^\dagger)$.

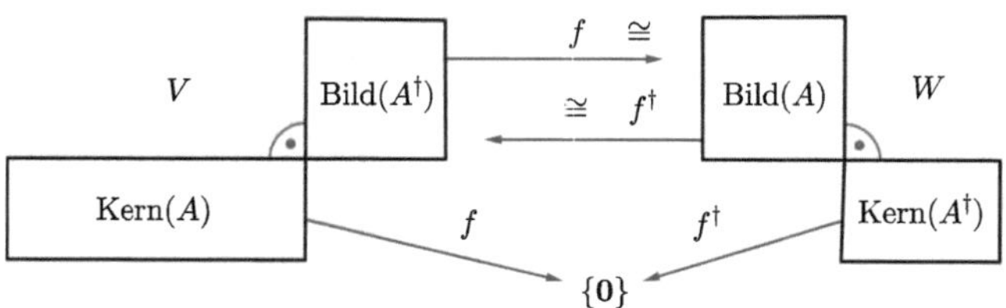


**Abb. 1.2 Zerlegung von $V$ und $W$.** Die Abbildung veranschaulicht die vier Unteräume von $V$ und $W$ und die Wirkungen von $f$ und $f^\dagger$ darauf, so wie sie durch die Gl. (1.3) und (1.4) beschrieben werden

## 1.3 $f$-invariante Unterräume

In diesem Abschnitt geht es um Endomorphismen $f$ und um $f$-invariante Unterräume $U \subset V$, also solche, die $f|_U : U \to U$ erfüllen.[7] Der folgende Satz ist zentral für viele unserer Überlegungen, denn er gestattet es, einen Endomorphismus $f$ aufzuspalten in zwei (Teil)-Endomorphismen $f|_{U_1}$ und $f|_{U_2}$ über Unterräumen $U_1$ und $U_2$ mit $V = U_1 \oplus U_2$, die man dann einzeln untersuchen kann:

**Definition 1.12 (und Satz)** Ein $f$-invarianter Unterraum zu einem Endomorphismus $f \in \mathrm{Hom}(V, V)$ ist ein Untervektorraum $U_1 \subset V$ mit der Eigenschaft

$$f(U_1) := \{f(\boldsymbol{a}) \mid \boldsymbol{a} \in U_1\} \subset U_1.$$

1. Wenn eine Basis $(\boldsymbol{u}_1, \ldots, \boldsymbol{u}_n)$ von $V$ so gegeben ist, dass $(\boldsymbol{u}_1, \ldots, \boldsymbol{u}_k)$, $1 \leq k < n$, eine Basis von $U_1$ ist, dann definieren wir $U_2 := \mathrm{span}(\boldsymbol{u}_{k+1}, \ldots, \boldsymbol{u}_n)$. Damit ist $V = U_1 \oplus U_2$ und $f$ wird in dieser Basis durch eine Matrix der Gestalt

$$A = \left(\begin{array}{c|c} A_k & * \\ \hline \mathbb{O} & * \end{array}\right)$$

mit $A_k$ vom Typ $k \times k$ repräsentiert. Sternchen (*) stehen für nicht näher spezifizierte Einträge, die beliebig aussehen können.
2. Ist $U_2$ auch $f$-invariant, so ist sogar

[7] $f|_U$ meint die Einschränkung von $f$ auf $U$.

$$A = \left( \begin{array}{c|c} A_k & \mathbb{O} \\ \hline \mathbb{O} & A_{n-k} \end{array} \right)$$

mit $A_{n-k}$ vom Typ $(n-k)\times(n-k)$.
Weiterhin wird in diesen Basen $f_1 := f|_{U_1}$ durch $A_k$ repräsentiert und für 2. $f_2 := f|_{U_2}$ durch $A_{n-k}$.

Die Behauptungen über die Gestalt der Matrix $A$ leuchten unmittelbar ein, die Aussagen über $f|_{U_1}$ und $f|_{U_2}$ folgen sofort daraus. Trivialerweise sind $\{\mathbf{0}\}$, $\text{Bild}(f)$, $\text{Kern}(f)$ und $V$ selbst $f$-invariante Unterräume. Aus Gl. (1.3) erhält man daraus schon zwei solche Zerlegungen von $f$ bei passender Basiswahl.

$f_1$ und $f_2$ erben viele Eigenschaften von $f$, z. B. sind die sie repräsentierenden Matrizen $A_k$ und $A_{n-k}$ unitär, hermitesch oder normal, wenn $A$ dies ist, usw. Basiswechsel für $f$ kann man aus Basiswechseln für $f_1$ und $f_2$ zusammensetzen, das gleiche gilt deshalb oft auch für Normalformen. Schließlich spaltet sich die Wirkung von Polynomen $g(t) \in \mathbb{K}[t]$ auch auf: $g(A) = \begin{pmatrix} g(A_k) & \mathbb{O} \\ \mathbb{O} & g(A_{n-k}) \end{pmatrix}$ im 2. Fall. Daher ist auch $\chi_A = \chi_{A_k} \cdot \chi_{A_{n-k}}$ und $p_A = \text{kgV}(p_{A_k}, p_{A_{n-k}})$.

### 1.3.1 Eigenräume

Interessant sind 1-dimensionale $f$-invariante Unterräume. Da sie von einem Vektor $\boldsymbol{u} \neq \mathbf{0}$ erzeugt werden, muss $f(\boldsymbol{u}) = A\boldsymbol{u} = \lambda \boldsymbol{u}$ mit einem $\lambda \in \mathbb{K}$ sein.

**Definition 1.13 (und Satz)** Ein Vektor $\boldsymbol{u} \neq \mathbf{0}$ mit $A\boldsymbol{u} = \lambda\boldsymbol{u}$ heißt **Eigenvektor** von $A$ zum **Eigenwert** $\lambda$. Die Menge aller Eigenvektoren zu einem Eigenwert $\lambda$ erzeugt[8] einen Unterraum $\mathcal{E}_\lambda(f) \subset V$, den **Eigenraum** zu $\lambda$, der $f$-invariant ist.

Die Aussagen im Satz sind unmittelbar einsichtig. Wegen $A\boldsymbol{u} = \lambda\boldsymbol{u} \iff (\lambda\mathbb{1} - A)\boldsymbol{u} = 0$ ist $\boldsymbol{u} \in \text{Kern}(\lambda\mathbb{1} - A)$, und dieser Kern ist nicht trivial, d. h. $\neq \{\mathbf{0}\}$, deshalb

[8] Tatsächlich muss man zur Menge aller Eigenvektoren nur den Nullvektor hinzunehmen, um einen Unterraum zu bekommen.

muss $\mathrm{Det}(\lambda\mathbb{1} - A) = 0$ sein. Damit sind die Eigenwerte genau die Nullstellen des charakteristischen Polynoms $\chi_A$. Klar ist auch die Gleichung

$$\mathcal{E}_\lambda(f) = \mathrm{Kern}(\lambda\mathbb{1} - A).$$

Ein Eigenwert kann eine mehrfache Nullstelle von $\chi_A$ sein, seine Vielfachheit heißt die **algebraische Vielfachheit** des Eigenwertes. Die Dimension dim Kern $(\lambda\mathbb{1} - A)$ hingegen heißt **geometrische Vielfachheit** des Eigenwertes, sie kann nicht größer sein als die algebraische Vielfachheit. Dieser Kern ist ja ein $f$-invarianter Unterraum von $V$, $f$ hat in einer passenden Basis, die die Eigenvektoren zum Eigenwert $\lambda$ enthält, die Repräsentation $\left(\begin{array}{c|c} A_g & * \\ \hline \mathbb{O} & * \end{array}\right)$ mit $A_g = \begin{pmatrix} \lambda & & 0 \\ & \ddots & \\ 0 & & \lambda \end{pmatrix}$ mit soviel Zeilen, wie die geometrische Vielfachheit $g$ von $\lambda$ angibt. Dies führt zu einem Faktor $(t-\lambda)^g$ in $\mathrm{Det}(t\mathbb{1} - A)$, also ist die algebraische Vielfachheit $\geq g$.

Wir brauchen noch den folgenden schönen Satz:

**Satz 1.14**

1. *Eigenvektoren zu verschiedenen Eigenwerten sind linear unabhängig.*

*Für $\mathbb{K}$-Vektorräume gilt:*

2. *Ist die Matrix $A$ hermitesch, dann sind alle Eigenwerte reell und*
3. *Eigenvektoren zu verschiedenen Eigenvektoren sind orthogonal.*
4. *Nur für $\mathbb{K} = \mathbb{C}$ gilt:*
   *Ist $A$ unitär, so haben alle Eigenwerte den Betrag 1, und $V$ hat eine Basis aus orthonormalen Eigenvektoren von $A$.*

***Beweis***

1. Es sei eine lineare Abhängigkeit

$$\sum_{i=1}^{k} \alpha_i \boldsymbol{u}_i = 0$$

vorhanden mit den $k$ Eigenvektoren $\boldsymbol{u}_i$ zu paarweise verschiedenen Eigenwerten $\lambda_i$, und die $\alpha_i$ sind o. B. d. A alle $\neq 0$. Wir rechnen

$$\mathbf{0} = (\lambda_1 \mathbb{1} - A) \sum_{i=1}^{k} \alpha_i \boldsymbol{u}_i = \sum_{i=1}^{k} \alpha_i (\lambda_1 - \lambda_i) \boldsymbol{u}_i = \sum_{i=2}^{k} \alpha_i (\lambda_1 - \lambda_i) \boldsymbol{u}_i .$$

Da die Eigenwerte paarweise verschieden sind, ist das eine lineare Abhängigkeit zwischen $k-1$ Eigenvektoren. Wendet man diese Rechnung analog noch weitere $k-2$-mal an, so erhält man schließlich *einen* linear abhängigen Eigenvektor, also den Nullvektor. Der ist aber gar kein Eigenvektor!

2. Sei $\boldsymbol{u}$ Eigenvektor zum Eigenwert $\lambda$:

$$\begin{aligned} \lambda \|\boldsymbol{u}\| &= \langle \boldsymbol{u}, \lambda \boldsymbol{u} \rangle = \langle \boldsymbol{u}, A\boldsymbol{u} \rangle = \boldsymbol{u}^\dagger A \boldsymbol{u} = \boldsymbol{u}^\dagger A^\dagger \boldsymbol{u} = \\ &= (A\boldsymbol{u})^\dagger \boldsymbol{u} = \langle A\boldsymbol{u}, \boldsymbol{u} \rangle = \langle \lambda \boldsymbol{u}, \boldsymbol{u} \rangle = \bar{\lambda} \|\boldsymbol{u}\|, \end{aligned}$$

und da $\boldsymbol{u}$ nicht der Nullvektor ist, ist $\lambda = \bar{\lambda} \in \mathbb{R}$.

3. Seien $\boldsymbol{u}_1$ und $\boldsymbol{u}_2$ zwei Eigenvektoren zu Eigenwerten $\lambda_1 \neq \lambda_2$, beide reell. Wir rechnen:

$$\lambda_1 \langle \boldsymbol{u}_1, \boldsymbol{u}_2 \rangle = \langle \lambda_1 \boldsymbol{u}_1, \boldsymbol{u}_2 \rangle = \langle A\boldsymbol{u}_1, \boldsymbol{u}_2 \rangle = \langle \boldsymbol{u}_1, A\boldsymbol{u}_2 \rangle = \langle \boldsymbol{u}_1, \lambda_2 \boldsymbol{u}_2 \rangle = \lambda_2 \langle \boldsymbol{u}_1, \boldsymbol{u}_2 \rangle ,$$

und wegen $\lambda_1 \neq \lambda_2$ muss $\langle \boldsymbol{u}_1, \boldsymbol{u}_2 \rangle = 0$ sein. Im inneren Produkt durfte $A$ wie vorher die Seiten wechseln, weil sie hermitesch ist.

4. Da wir in $\mathbb{K} = \mathbb{C}$ sind, haben wir sicher einen Eigenwert $\lambda$ und einen Eigenvektor $\boldsymbol{u}$, der einen 1-dimensionalen Unterraum $U \subset V$ erzeugt. Es ist $|\lambda| = 1$ wegen

$$\|\boldsymbol{u}\|^2 = \boldsymbol{u}^\dagger \boldsymbol{u} = \boldsymbol{u}^\dagger A^\dagger A \boldsymbol{u} = \langle A\boldsymbol{u}, A\boldsymbol{u} \rangle = \langle \lambda \boldsymbol{u}, \lambda \boldsymbol{u} \rangle = |\lambda|^2 \|\boldsymbol{u}\|^2, \text{ also } |\lambda| = 1.$$

Wir zerlegen: $V = U \oplus U^\perp$ und wählen eine orthonormale Basis von $U^\perp$. Zusammen mit $\boldsymbol{u}$ haben wir eine neue orthonormale Basis von $V$. $U^\perp$ ist ebenso wie $U$ auch $f$-invariant. Ist nämlich $\boldsymbol{v} \in U^\perp$, so rechnet man mit beliebigem $\boldsymbol{u} \in U$

$$\lambda \langle A\boldsymbol{v}, \boldsymbol{u} \rangle = \langle A\boldsymbol{v}, \lambda \boldsymbol{u} \rangle = \langle A\boldsymbol{v}, A\boldsymbol{u} \rangle = \boldsymbol{v}^\dagger A^\dagger A \boldsymbol{u} = \boldsymbol{v}^\dagger \boldsymbol{u} = \langle \boldsymbol{v}, \boldsymbol{u} \rangle = 0.$$

Wegen $|\lambda| = 1$ folgt $A\boldsymbol{v} \in U^\perp$. Auf $V = U \oplus U^\perp$ können wir nun Satz 1.12 2. anwenden. $f|_{U^\perp}$ wird in der neuen Basis wieder durch eine unitäre Matrix repräsentiert, siehe die Bemerkungen nach Satz 1.12. Wir wenden die obige Argumentation erneut auf $f|_{U^\perp}$ und $U^\perp$ an usw., bis wir $n$ orthonormale Eigenvektoren gefunden haben.

□

### 1.3.2 Haupträume

Weitere $f$-invariante Unterräume von $V$ zu einem Eigenwert $\lambda$ findet man als $\mathrm{Kern}\big((A-\lambda\mathbb{1})^r\big)$ mit $r > 1$, denn für $\boldsymbol{u} \in \mathrm{Kern}\big((A-\lambda\mathbb{1})^r\big)$ rechnet man

$$(A-\lambda\mathbb{1})^r \cdot A\boldsymbol{u} = A \cdot (A-\lambda\mathbb{1})^r \boldsymbol{u} = \mathbf{0}.$$

**In diesem Abschnitt werden wir uns auf $\mathbb{K} = \mathbb{C}$ beschränken,**

dies deshalb, weil $\mathbb{C}$ algebraisch abgeschlossen ist. Das charakteristische Polynom zerfällt daher wie folgt:

$$\chi_A(t) = (t-\widetilde{\lambda}_1)^{r_1}(t-\widetilde{\lambda}_2)^{r_2} \cdot \ldots \cdot (t-\widetilde{\lambda}_k)^{r_k}. \tag{1.5}$$

Hier sind die $\widetilde{\lambda}_i$ die paarweise verschiedenen Nullstellen von $\chi_A$ und die $r_i$ ihre algebraischen Vielfachheiten. Ziel dieses Abschnitts ist der Beweis von

**Satz 1.15 (Zerlegung in Haupträume)** *Mit den Bezeichnungen aus Gl.* (1.5) *definiert man die* ***Haupträume*** $H_{\widetilde{\lambda}_i} := \mathrm{Kern}\big((\widetilde{\lambda}_i\mathbb{1} - A)^{r_i}\big)$. *Dann ist*

$$V = H_{\widetilde{\lambda}_1} \oplus H_{\widetilde{\lambda}_2} \oplus \ldots \oplus H_{\widetilde{\lambda}_k} \tag{1.6}$$

*eine Zerlegung in $f$-invariante Unterräume mit* $\dim H_{\widetilde{\lambda}_i} = r_i$.

***Beweis*** (nach [3, Kap. 4])
Wir zeigen zuerst allgemein, dass eine Zerlegung $\chi_A = p_1 p_2$ in zwei teilerfremde Polynome zu einer Zerlegung

$$V = U_1 \oplus U_2 \text{ mit } U_1 = \mathrm{Kern}\, p_1(A),\ \ U_2 = \mathrm{Kern}\, p_2(A) \tag{1.7}$$

führt. Dazu stellen wir fest, dass Bild $p_2(A) \subset$ Kern $p_1(A)$ ist wegen $p_1(A)p_2(A) = \chi_A(A) = 0$. Andererseits ist auch Kern $p_1(A) \subset$ Bild $p_2(A)$. Das sieht man so ein: Weil $p_1$ und $p_2$ teilerfremd sind, gibt es Polynome $q_1$ und $q_2$ mit

$$p_1 q_1 + p_2 q_2 = 1, \text{ insbesondere ist } p_1(A)q_1(A) + p_2(A)q_2(A) = \mathbb{1}.$$

Ist nun $\boldsymbol{x} \in \operatorname{Kern} p_1(A)$, so ist

$$\boldsymbol{x} = (p_1 q_1 + p_2 q_2) \cdot \boldsymbol{x} = (p_2 q_2) \cdot \boldsymbol{x} \in \operatorname{Bild} p_2(A),$$

folglich ist $\operatorname{Bild} p_2(A) = \operatorname{Kern} p_1(A)$. Analog ergibt sich $\operatorname{Kern} p_2(A) = \operatorname{Bild} p_1(A)$.

Es ist $\operatorname{Kern} p_1(A) \cap \operatorname{Kern} p_2(A) = \{\boldsymbol{0}\}$, denn für $\boldsymbol{x}$ aus diesem Schnitt ist

$$\boldsymbol{x} = (p_1 q_1 + p_2 q_2) \cdot \boldsymbol{x} = (q_1 p_1) \cdot \boldsymbol{x} + (q_2 p_2) \cdot \boldsymbol{x} = \boldsymbol{0},$$

die Summe $U_1 \oplus U_2$ ist also tatsächlich direkt. Wegen $\operatorname{Kern} p_1(A) \oplus \operatorname{Kern} p_2(A) = \operatorname{Bild} p_2(A) \oplus \operatorname{Kern} p_2(A)$ hat sie nach Gl. (1.2) auch die Dimension $n$, damit ist Gl. (1.7) richtig!

Stellt man nun eine Basis von $V$ aus Basen von $U_1 = \operatorname{Kern} p_1(A)$ und $U_2 = \operatorname{Kern} p_2(A)$ zusammen, so folgt aus der Gestalt der $f$ repräsentierenden Matrix nach Satz 1.12, dass

$$\chi_f = \chi_{f|_{U_1}} \cdot \chi_{f|_{U_2}}$$

ist.

Dies wenden wir jetzt auf $p_1 = (t - \widetilde{\lambda}_1)^{r_1}$ und $p_2 = (t - \widetilde{\lambda}_2)^{r_2} \cdot \ldots \cdot (t - \widetilde{\lambda}_k)^{r_k}$ an. Wir bekommen $V = U_1 \oplus U_2 = H_{\widetilde{\lambda}_1} \oplus \operatorname{Bild} p_1(A)$. Da $H_{\widetilde{\lambda}_1} = \operatorname{Kern} p_1(A)$ ist, ist $p_1(A)$ injektiv auf $U_2 = \operatorname{Bild} p_1(A)$. Weil $\widetilde{\lambda}_1$ der einzige Eigenwert von $f|_{U_1}$ ist, muss $\chi_{f|_{U_1}}(t) = (t - \widetilde{\lambda}_1)^d$ sein mit $d = \dim H_{\widetilde{\lambda}_1} \leq r_1$. Wenn aber wirklich $d < r_1$ wäre, dann müsste $\widetilde{\lambda}_1$ eine Nullstelle von $\chi_{f|_{U_2}}$ sein. Dann wäre aber $\widetilde{\lambda}_1$ ein Eigenwert von $f|_{U_2}$, der Eigenvektor dazu läge in $\operatorname{Kern} p_1(A)$ und in $U_2 = \operatorname{Bild} p_1(A)$, was nicht sein kann. Also ist $\dim H_{\widetilde{\lambda}_i} = r_i$.

Wir haben gerade

$$\chi_{f|_{U_1}} = (t - \widetilde{\lambda}_1)^{r_1} \qquad \text{und} \qquad \chi_{f|_{U_2}} = (t - \widetilde{\lambda}_2)^{r_2} \cdot \ldots \cdot (t - \widetilde{\lambda}_k)^{r_k}$$

gezeigt. Damit können wir $f|_{U_2}$ betrachten und induktiv weitere Haupträume als direkte Summanden von $V$ abspalten und so Gl. (1.6) beweisen. □

### 1.3.3 $f$-zyklische Unterräume

Ein anderer Weg, $f$-invariante Unterräume zu definieren, geht von einem beliebigen Vektor $\boldsymbol{v} \in V$ aus.

**Satz 1.16** *Zu einem Vektor $\boldsymbol{v} \in V$ ist der **f-zyklische Unterraum** $Z_f(\boldsymbol{v})$ definiert durch*

$$Z_f(\boldsymbol{v}) := \operatorname{span}(\boldsymbol{v}, A\boldsymbol{v}, A^2\boldsymbol{v}, \ldots).$$

*$Z_f(\boldsymbol{v})$ ist $f$-invariant. Mit $m := \operatorname{grad} p_{\boldsymbol{v}}$ hat $Z_f(\boldsymbol{v})$ die Basis $(A^{m-1}\boldsymbol{v}, A^{m-2}\boldsymbol{v}, \ldots, \boldsymbol{v})$, und in dieser Basis[9] wird $f|_{Z_f(\boldsymbol{v})}$ repräsentiert durch die **Begleitmatrix** $B$ zu $p_{\boldsymbol{v}}(t) =: t^m + a_{m-1}t^{m-1} + \cdots + a_0$,*

$$B = \begin{pmatrix} -a_{m-1} & 1 & & \\ \vdots & & \ddots & \ddots \\ -a_1 & & & \ddots & 1 \\ -a_0 & & & & 0 \end{pmatrix}.$$

*Für $\mathbb{K} = \mathbb{R}$ hat die Begleitmatrix Einträge aus $\mathbb{R}$.*

***Beweis*** Die $f$-Invarianz von $Z_f(\boldsymbol{v})$ ist leicht einzusehen, wenn man bedenkt, dass es in $V$ nicht mehr als $n$ linear unabhängige Vektoren geben kann. Es werden sogar genau $m$ Stück sein, denn wegen der Gleichung $p_{\boldsymbol{v}} \cdot \boldsymbol{v} = \boldsymbol{0}$, in der $A^m\boldsymbol{v}$ den Faktor 1 hat, ist $A^m\boldsymbol{v} = -\sum_{i=0}^{m-1} a_i A^i \boldsymbol{v}$ eine Linearkombination der Vektoren $\boldsymbol{v}, A\boldsymbol{v}, \ldots, A^{m-1}\boldsymbol{v}$. Diese Vektoren sind auch linear unabhängig, andernfalls wäre $p_{\boldsymbol{v}}$ nicht das Minimalpolynom zu $\boldsymbol{v}$. Die Struktur der Begleitmatrix folgt jetzt direkt aus der Wirkung von $A$ auf die Basisvektoren von $Z_f(\boldsymbol{v})$.

Die Koeffizienten von $p_{\boldsymbol{v}}$ stammen nach der Definition dieses Polynoms aus $\mathbb{K}$, daraus folgt die letzte Aussage. □

$f$-zyklische Unterräume können wieder Anlass zu einer Zerlegung von $V$ in eine direkte Summe $f$-invarianter Unterräume geben:

**Satz 1.17** *Es sei $\boldsymbol{u} \in V$ ein Vektor mit $p_{\boldsymbol{u}} = p_A$. Dann gibt es zu $U_1 := Z_f(\boldsymbol{u})$ einen $f$-invarianten Unterraum $U_2 \in V$ mit*

$$V = U_1 \oplus U_2.$$

[9] Die Basisvektoren sind hier mit Absicht in umgekehrter Reihenfolge angeordnet, weil die Begleitmatrix dann besser zu späteren Ausführungen passt.

***Beweis*** Es muss ein $\boldsymbol{u}$ mit $p_{\boldsymbol{u}} = p_A$ geben, sonst wäre $p_A$ nicht minimal. Mit $m = \dim U_1$ setzen wir zur Abkürzung $\boldsymbol{u}_i := A^{i-1}\boldsymbol{u},\ i = 1, \dots, m$. Wir suchen nun einen Vektor $\boldsymbol{w}$, der orthogonal zu allen $\boldsymbol{u}_i,\ i = 1, \dots, m-1$ ist, aber nicht zu $\boldsymbol{u}_m$. Es ist also $\boldsymbol{w} \in \operatorname{span}(\boldsymbol{u}_1, \dots, \boldsymbol{u}_{m-1})^\perp =: \widetilde{U}_1^\perp$, da haben wir eine große Auswahl. Man kann auch $\langle \boldsymbol{w}, \boldsymbol{u}_m \rangle \neq 0$ erreichen, andernfalls läge ja $\boldsymbol{u}_m$ in $(\widetilde{U}_1^\perp)^\perp = \widetilde{U}_1$. Das kann aber nicht sein, da $\boldsymbol{u}_m$ von den Vektoren in $\widetilde{U}_1$ linear unabhängig ist.

Die Vektoren $\boldsymbol{w}, A^\dagger \boldsymbol{w}, \dots, (A^{m-1})^\dagger \boldsymbol{w}$ sind linear unabhängig. Ist nämlich

$$\bar{a}_0 \boldsymbol{w} + \bar{a}_1 A^\dagger \boldsymbol{w} + \ldots + \bar{a}_{m-1} (A^{m-1})^\dagger \boldsymbol{w} = \boldsymbol{0},$$

dann kann man das innere Produkt dieser Gleichung mit $\boldsymbol{u}$ bilden und erhält

$$\begin{aligned}
&a_0 \langle \boldsymbol{w}, \boldsymbol{u} \rangle + a_1 \langle A^\dagger \boldsymbol{w}, \boldsymbol{u} \rangle + \cdots + a_{m-1} \langle (A^{m-1})^\dagger \boldsymbol{w}, \boldsymbol{u} \rangle = \\
&= a_0 \langle \boldsymbol{w}, \boldsymbol{u} \rangle + a_1 \langle \boldsymbol{w}, A\boldsymbol{u} \rangle + \cdots + a_{m-1} \langle \boldsymbol{w}, A^{m-1} \boldsymbol{u} \rangle = \\
&= a_0 \langle \boldsymbol{w}, \boldsymbol{u}_1 \rangle + a_1 \langle \boldsymbol{w}, \boldsymbol{u}_2 \rangle + \cdots + a_{m-1} \langle \boldsymbol{w}, \boldsymbol{u}_m \rangle = a_{m-1} \langle \boldsymbol{w}, \boldsymbol{u}_m \rangle = \boldsymbol{0},
\end{aligned}$$

also $a_{m-1} = 0$. Es verbleibt

$$a_0 \boldsymbol{w} + a_1 A^\dagger \boldsymbol{w} + \ldots + a_{m-2} (A^{m-2})^\dagger \boldsymbol{w} = \boldsymbol{0}.$$

Das innere Produkt dieser Gleichung mit $A\boldsymbol{u}$ liefert dann ebenso $a_{m-2} = 0$, usw., also sind alle Koeffizienten gleich 0.

Nun bilden wir die $m \times n$-Matrix

$$B = \begin{pmatrix} w^\dagger \\ w^\dagger A \\ \\ \vdots \\ w^\dagger A^{m-1} \end{pmatrix}$$

vom Rang $m$. Diese definiert eine Abbildung $b : V \to \mathbb{K}^m,\ \boldsymbol{u} \mapsto B\boldsymbol{u}$. Wir setzen $U_2 := \operatorname{Kern}(B)$. Damit sind alle Voraussetzungen für Satz 1.12 2. erfüllt:

- $U_2$ ist $f$-invariant: $\boldsymbol{v} \in \operatorname{Kern}(B) \iff \boldsymbol{w}^\dagger A^i \boldsymbol{v} = 0$ für $i, 0, \dots, m-1$. Für $f(\boldsymbol{v}) = A\boldsymbol{v}$ haben wir in $BA\boldsymbol{v}$ so schon alle Komponenten $= 0$ bis auf die letzte $\boldsymbol{w}^\dagger A^m \boldsymbol{v}$. Es ist aber $A^m \boldsymbol{v}$ eine Linearkombination der Vektoren $\boldsymbol{v}, A\boldsymbol{v}, \dots, A^{m-1}\boldsymbol{v}$, darum ist auch diese Komponente 0.
- $\dim U_2 = \dim \operatorname{Kern}(B) = n - \operatorname{Rang}(B) = n - m$,

- $\dim U_2 + \dim U_1 = (n - m) + m = \dim V$,
- $U_2 \cap U_1 = \{\mathbf{0}\}$, das sieht man so ein:

$$(b(\boldsymbol{u}_1), b(\boldsymbol{u}_2), \ldots, b(\boldsymbol{u}_m)) =$$

$$= \begin{pmatrix} \boldsymbol{w}^\dagger \boldsymbol{u}_1 & \boldsymbol{w}^\dagger \boldsymbol{u}_2 & \ldots & \boldsymbol{w}^\dagger \boldsymbol{u}_m \\ \boldsymbol{w}^\dagger \boldsymbol{u}_2 & \vdots & \ddots & \boldsymbol{w}^\dagger A \boldsymbol{u}_m \\ \vdots & \boldsymbol{w}^\dagger \boldsymbol{u}_m & \ddots & \vdots \\ \boldsymbol{w}^\dagger \boldsymbol{u}_m & \boldsymbol{w}^\dagger A \boldsymbol{u}_m & \ldots & \boldsymbol{w}^\dagger A^{m-1} \boldsymbol{u}_m \end{pmatrix} = \begin{pmatrix} 0 & \ldots & 0 & \boldsymbol{w}^\dagger \boldsymbol{u}_m \\ \vdots & \ddots & \ddots & * \\ 0 & \boldsymbol{w}^\dagger \boldsymbol{u}_m & \ddots & \vdots \\ \boldsymbol{w}^\dagger \boldsymbol{u}_m & * & \ldots & * \end{pmatrix}$$

Die $m \times m$-Matrix mit den Bildern der Basisvektoren von $U_1$ unter $b|_{U_1}$ hat also die Determinante $\langle \boldsymbol{w}, \boldsymbol{u}_m \rangle^m \neq 0$, damit ist $b|_{U_1}$ bijektiv und $\text{Kern}(b|_{U_1}) = \{\mathbf{0}\}$.

□

# Normalformen 2

Die Äquivalenzrelationen Ähnlichkeit und Äquivalenz wie in Abschn. 1.2.4 definiert sind der Ausgangspunkt für unsere Normalformen. Beide Äquivalenzrelationen sind über Basiswechsel in den Vektorräumen $V$ und $W$ definiert. Wir können feinere Äquivalenzrelationen finden, indem wir die Basiswechsel einschränken. Im Fall von Vektorräumen über $\mathbb{K}$, die ein inneres Produkt besitzen, besteht die Standardbasis aus paarweise orthogonalen und normierten Vektoren. Als Einschränkung können wir dann nur solche Basiswechsel zulassen, die diese Orthonormalität erhalten. Die Transformationsmatrizen sind folglich unitär bzw. orthogonal. Dabei ist Folgendes festzuhalten:

Normalformen sind i. A. eindeutig bestimmt, nicht aber die Basiswechsel, da ein zusätzlicher Basiswechsel mit einer Matrix $S$, die mit $A$ kommutiert, die repräsentierende Matrix nicht ändert:

$$AS = SA \Longrightarrow S^{-1}AS = A$$

Wir werden auch sehen, dass sich Normalformen meistens aus Teilmatrizen zusammensetzen lassen, die oft als Blöcke bezeichnet werden. Die Eindeutigkeit einer Normalform meint dann immer Eindeutigkeit *bis auf die Reihenfolge der Blöcke.* Dies führt dazu, dass verschiedene Autoren die Blöcke verschieden anordnen, das ist beim Vergleich mit anderen Darstellungen zu beachten.



D. Riebesehl, *Normalformen von Matrizen*, essentials,
https://doi.org/10.1007/978-3-662-73186-4_2

## 2.1 Normalformen für Homomorphismen

Wir betrachten hier Homomorphismen $f \in \mathrm{Hom}(V, W)$, welche durch rechteckige Matrizen $A$ repräsentiert werden. Alle Betrachtungen gelten natürlich auch für den Fall $m = n$, also quadratische Matrizen. Jeder Normalform ist ein eigener Abschnitt gewidmet, in welchem wir die Existenz der Normalform beweisen. Die Beweise sind knapp gehalten, enthalten aber alle wesentlichen Gedanken und erlauben es, die Normalformen effektiv zu konstruieren. Konkrete Rechenbeispiele finden Sie in Kap. 3 oder sehr reichhaltig in [5] und [6].

### 2.1.1 Äquivalenznormalform

Wir beginnen mit der Äquivalenz von Matrizen als Äquivalenzrelation und lassen beliebige Basiswechsel in beiden Vektorräumen zu. Dies erlaubt es, eine besonders übersichtliche Normalform zu finden.

**Satz 2.1 (Äquivalenznormalform)** *Für einen Homomorphismus $f \in \mathrm{Hom}(V, W)$ können Basen von $V$ und $W$ so gefunden werden, dass $f$ in diesen Basen durch eine $(m \times n)$-Matrix $\mathcal{N}(A)$ repräsentiert wird, die die Gestalt*

$$\mathcal{N}(A) = \left(\begin{array}{ccc|c} 1 & & & \\ & \ddots & & \mathbb{O}_{r,n-r} \\ & & 1 & \\ \hline & \mathbb{O}_{m-r,r} & & \mathbb{O}_{m-r,n-r} \end{array}\right)$$

*hat. Der Block mit Einsen auf der Diagonalen hat $r = \mathrm{Rang}(f)$ Einträge. Für $m = r$ bzw. $n = r$ kommen keine Zeilen bzw. Spalten mit nur Nullen vor.*

Zum **ersten Beweis** des Satzes führen wir eine Konstruktion durch, die sich am Gauß'schen Eliminationsverfahren für die Lösung eines linearen Gleichungssystems $A\boldsymbol{x} = \boldsymbol{b}$ orientiert.

Der Algorithmus dazu manipuliert die Matrix $A$ durch Multiplikation mit invertierbaren Matrizen von links und von rechts, so dass am Ende die Normalform gefunden worden ist:

**Algorithmus für die Äquivalenznormalform**

1. Setze $r = 1$.
2. Suche einen kleinsten Spaltenindex $i_r$ so, dass die Spalten 1 bis $i_r$ von $A$ einen Vektorraum der Dimension $r$ aufspannen.
   Wenn kein solches $i$ existiert, weiter bei 6.
   Permutiere die Zeilen von $A$ so, dass $a_{r,i_r} \neq 0$ ist.
3. Dividiere Zeile $r$ durch $a_{r,i_r}$.
4. Setze $a_{ji_r} = 0$ für $j > r$.
5. Erhöhe $r$ um 1 und weiter bei 2.
6. Vermindere $r$ um 1: das ist der Rang der Matrix $A$.
   Für alle Zeilen $j = 1, \ldots, r$ von $A$: Setze $a_{ji} = 0$ für $i > i_j$.
   Nach diesem Schritt enthält $A$ nur noch Nullen und Einsen.
7. Permutiere die Spalten von $A$ so, dass die Einsen auf dem Beginn der Hauptdiagonalen stehen.

Wir führen dieses Verfahren in Tab. 2.1 am Beispiel einer konkreten Matrix in expliziten Einzelschritten durch. Als Beispielmatrix wählen wir

$$A = \begin{pmatrix} 0 & 2 & 2 & 8 \\ 0 & 7 & 7 & 29 \\ 0 & -1 & 2 & 5 \end{pmatrix}.$$

Die Matrix ist so gewählt, dass alle wichtigen Situationen vorkommen. Im Verlauf des Algorithmus ist auch zu erkennen, wie die benötigten Matrizen zu bilden sind.

Damit ist die Äquivalenznormalform $\mathcal{N}(A) = \begin{pmatrix} 1 & 0 & 0 & 0 \\ 0 & 1 & 0 & 0 \\ 0 & 0 & 1 & 0 \end{pmatrix}$ gefunden. Die Matrizen $T_1$ bis $T_4$, $S_1$ bis $S_3$ sind nach Konstruktion klar invertierbar. Es ist

$$\mathcal{N}(A) = T^{-1} \cdot A \cdot S \qquad \text{mit} \quad T^{-1} = T_4 T_3 T_2 T_1 = \begin{pmatrix} \frac{1}{2} & 0 & 0 \\ \frac{1}{6} & 0 & \frac{1}{3} \\ -\frac{7}{2} & 1 & 0 \end{pmatrix},$$

$$\text{also } T = \begin{pmatrix} 2 & 0 & 0 \\ 7 & 0 & 1 \\ -1 & 3 & 0 \end{pmatrix}, \qquad \text{und} \quad S = S_1 S_2 S_3 = \begin{pmatrix} 0 & 0 & 0 & 1 \\ 1 & -1 & -1 & 0 \\ 0 & 1 & -3 & 0 \\ 0 & 0 & 1 & 0 \end{pmatrix}.$$

Die Matrizen $S$ und $T$ enthalten als Spaltenvektoren die Basen von $V$ bzw. $W$, mit denen $f$ durch $\mathcal{N}(A)$ repräsentiert wird.

**Nachtrag** Der obige Algorithmus beweist nebenbei die Gleichheit $\dim \text{Bild}(f) = \text{Rang}(A) = \text{Rang}(A^{\mathsf{T}}) = \text{Rang}(A^{\dagger}) = \dim \text{Bild}(f^{\dagger})$, denn die Dimensionen der

**Tab. 2.1** Berechnung von $\mathcal{N}(A)$

| Aktion | Werte | Matrix | $A$ |
|---|---|---|---|
| 1. 2. | $r = 1,\ i_1 = 2$ | keine Aktion nötig | $\begin{pmatrix} 0 & 2 & 2 & 8 \\ 0 & 7 & 7 & 29 \\ 0 & -1 & 2 & 5 \end{pmatrix}$ |
| 3. | $a_{12} = 2$ | $T_1 = \begin{pmatrix} \frac{1}{2} & 0 & 0 \\ 0 & 1 & 0 \\ 0 & 0 & 1 \end{pmatrix}$, $A \leftarrow T_1 \cdot A$ | $\begin{pmatrix} 0 & 1 & 1 & 4 \\ 0 & 7 & 7 & 29 \\ 0 & -1 & 2 & 5 \end{pmatrix}$ |
| 4. | | $T_2 = \begin{pmatrix} 1 & 0 & 0 \\ -7 & 1 & 0 \\ 1 & 0 & 1 \end{pmatrix}$, $A \leftarrow T_2 \cdot A$ | $\begin{pmatrix} 0 & 1 & 1 & 4 \\ 0 & 0 & 0 & 1 \\ 0 & 0 & 3 & 9 \end{pmatrix}$ |
| 5. 2. | $r = 2,\ i_2 = 3$ | $T_3 = \begin{pmatrix} 1 & 0 & 0 \\ 0 & 0 & 1 \\ 0 & 1 & 0 \end{pmatrix}$, $A \leftarrow T_3 \cdot A$ | $\begin{pmatrix} 0 & 1 & 1 & 4 \\ 0 & 0 & 3 & 9 \\ 0 & 0 & 0 & 1 \end{pmatrix}$ |
| 3. 4. | $a_{23} = 3$ | $T_4 = \begin{pmatrix} 1 & 0 & 0 \\ 0 & \frac{1}{3} & 0 \\ 0 & 0 & 1 \end{pmatrix}$, $A \leftarrow T_4 \cdot A$ | $\begin{pmatrix} 0 & 1 & 1 & 4 \\ 0 & 0 & 1 & 3 \\ 0 & 0 & 0 & 1 \end{pmatrix}$ |
| 5. 2. | $r = 3,\ i_3 = 4$ | keine Aktion nötig | |
| 3. 4. | | keine Aktion nötig | |
| 5. 2. | $r = 4$ | keine Spalten mehr übrig | |
| 6. | $\boldsymbol{r = 3}$ | | |
| 6. | $j = 1,\ i_1 = 2$ | $S_1 = \begin{pmatrix} 1 & 0 & 0 & 0 \\ 0 & 1 & -1 & -4 \\ 0 & 0 & 1 & 0 \\ 0 & 0 & 0 & 1 \end{pmatrix}$, $A \leftarrow A \cdot S_1$ | $\begin{pmatrix} 0 & 1 & 0 & 0 \\ 0 & 0 & 1 & 3 \\ 0 & 0 & 0 & 1 \end{pmatrix}$ |
| 6. | $j = 2,\ i_2 = 3$ | $S_2 = \begin{pmatrix} 1 & 0 & 0 & 0 \\ 0 & 1 & 0 & 0 \\ 0 & 0 & 1 & -3 \\ 0 & 0 & 0 & 1 \end{pmatrix}$, $A \leftarrow A \cdot S_2$ | $\begin{pmatrix} 0 & 1 & 0 & 0 \\ 0 & 0 & 1 & 0 \\ 0 & 0 & 0 & 1 \end{pmatrix}$ |
| 7. | | $S_3 = \begin{pmatrix} 0 & 0 & 0 & 1 \\ 1 & 0 & 0 & 0 \\ 0 & 1 & 0 & 0 \\ 0 & 0 & 1 & 0 \end{pmatrix}$, $A \leftarrow A \cdot S_3$ | $\begin{pmatrix} 1 & 0 & 0 & 0 \\ 0 & 1 & 0 & 0 \\ 0 & 0 & 1 & 0 \end{pmatrix}$ |

Bilder hängen nur von $f$ ab, nicht von der repräsentierenden Matrix. In $\mathcal{N}(A)$ sind aber beide Dimensionen direkt als gleich $r$ ablesbar.

**Zweiter Beweis** Im Falle von $\mathbb{K}$-Vektorräumen lässt sich die Existenz der Äquivalenznormalform direkt aus einer anderen relevanten Eigenschaft von $f$ herleiten, nämlich der Zerlegung $V = \mathrm{Bild}(A^\dagger) \oplus \mathrm{Kern}(A)$ aus Gl. (1.3) und der Folgerung $f\colon \mathrm{Bild}(A^\dagger) \overset{\cong}{\to} \mathrm{Bild}(A)$.

Mit einer Basis $(\boldsymbol{v}_1, \ldots, \boldsymbol{v}_r)$ von $\mathrm{Bild}(A^\dagger)$ ist dann $(A\boldsymbol{v}_1, \ldots, A\boldsymbol{v}_r) =: (\boldsymbol{w}_1, \ldots, \boldsymbol{w}_r)$ eine Basis von $\mathrm{Bild}(A)$. Erweitert man die erste Basis zu einer Basis $(\boldsymbol{v}_1, \ldots, \boldsymbol{v}_n)$ von $V$ und die zweite Basis zu einer Basis $(\boldsymbol{w}_1, \ldots, \boldsymbol{w}_m)$ von

$W$, so wird $f$ in diesen Basen durch die Matrix $(a_{ij})$ repräsentiert mit $a_{ii} = 1$ für $1 \leq i \leq r$ und $a_{ij} = 0$ sonst, das ist genau $\mathcal{N}(A)$.

Damit hat man eine sehr übersichtliche Beschreibung der Aktion des Homomorphismus $f$ auf einen Vektor:

1. Basiswechsel mit $S$ in $V$,
2. Aktion von $\mathcal{N}(A)$:

   a. Projektion auf die ersten $r$ Komponenten
   b. evtl. Auffüllen mit Nullen auf die Länge $m$.

3. Basiswechsel mit $T$ in $W$.

Diese Aktion von $f$ ist weiter hinten in Abb. 2.1 bildlich zu sehen, allerdings sind die dort gezeigten $s_i$ sämtlich $= 1$, und die Basis für die Äquivalenznormalform ist *nicht* orthonormal.

Die Aussagekraft der Äquivalenznormalform ist recht gering, denn sie gibt nur Auskunft über den Rang von $A$. Immerhin kann man festhalten

$$A_1 \sim A_2 \iff \mathcal{N}(A_1) = \mathcal{N}(A_2).$$

### 2.1.2 Smith-Normalform

Im Beispiel zur Erstellung einer Äquivalenznormalform kamen Transformationsmatrizen mit nicht ganzzahligen Einträgen vor, obwohl die Matrix $A$ nur Einträge aus $\mathbb{Z}$ hatte. Die Smith-Normalform vermeidet dies.

**Satz 2.2 Smith-Normalform** *Für einen Homomorphismus $f \in \mathrm{Hom}(V, W)$, der durch eine Matrix $A$ mit Einträgen in $\mathbb{Z}$ repräsentiert wird, können Basen von $V$ und $W$ mit Koeffizienten $\in \mathbb{Z}$ in der Standardbasis so gefunden werden, dass $f$ in diesen Basen durch eine $(m \times n)$-Matrix $\mathcal{SM}(A)$ repräsentiert wird, die die Gestalt*

$$\mathcal{SM}(A) = \left(\begin{array}{cccc|c} d_1 & & & & \\ & d_2 & & & \mathbb{O}_{r,n-r} \\ & & \ddots & & \\ & & & d_r & \\ \hline & \mathbb{O}_{m-r,r} & & & \mathbb{O}_{m-r,n-r} \end{array}\right)$$

*hat. Alle $d_i \in \mathbb{Z}$ sind $> 0$, und es gilt $d_1 | d_2 | \ldots | d_r$. Für $m = r$ bzw. $n = r$ kommen keine Zeilen bzw. Spalten mit nur Nullen vor.*

*Die eindeutig bestimmten Zahlen $d_i$ heißen* ***Elementarteiler*** *von $A$.*

Wir werden keine ausführliche Beschreibung des Algorithmus zur Erstellung von $\mathcal{SM}(A)$ geben, dafür verweisen wir auf [7, Kap. 7], sondern einfache Modifikationen des Algorithmus zu Satz 2.1 nennen. Entscheidend ist, dass Schritt 2. vermieden wird. Falls Zeile $r$ nicht durch $a_{r,i_r}$ teilbar ist, wird $a_{r,i_r}$ durch den ggT der Einträge in Zeile $r$ ersetzt. Dazu ein Beispiel:

$$A = \begin{pmatrix} 15 & 21 & 30 \\ 12 & 0 & 0 \\ 9 & 3 & 0 \end{pmatrix}, \quad S = \left(\begin{array}{cc|c} -4 & -\frac{21}{3} & 0 \\ 3 & \frac{15}{3} & 0 \\ \hline 0 & 0 & 1 \end{array}\right) \quad AS = \begin{pmatrix} 3 & 0 & 30 \\ -48 & 84 & 0 \\ -27 & -15 & 0 \end{pmatrix}$$

Hier ist 21 kein Vielfaches von 15. Der eingerahmte Teil von $S$ enthält in der ersten Spalte $-4$ und 3 wegen $(-4)\cdot 15 + 3 \cdot 21 = \text{ggT}(15, 21) = 3$. Die Zahlen der zweiten Spalte $-\frac{21}{3}$ und $\frac{15}{3}$ erfüllen $(-4) \cdot (\frac{15}{3}) - 3 \cdot (-\frac{21}{3}) = 1$. Deshalb ist $\text{Det}(S) = 1$ und $S^{-1}$ hat ebenfalls ganzzahlige Einträge, weshalb der Basiswechsel in $V$ mit $S$ ganzzahlige Vektoren wieder in solche überführt und umgekehrt. Die Brüche in $S$ kann man natürlich kürzen, so dass ganze Zahlen herauskommen, aber so ist klarer zu erkennen, wie sie zustande kommen.

In diesem Beispiel ist nun in $AS$ in Spalte 1 jeder Eintrag ein Vielfaches von $a_{11}$, was vorher nicht so war. Falls das aber nicht der Fall ist, kann man analog eine Matrix $T$ finden, so dass in $TA$ alle Einträge in Spalte 1 von $a_{11}$ geteilt werden. Nun kann Schritt 2. des Algorithmus ohne Divisionen durchgeführt werden, und ebenso wird in Schritt 2. die erste Spalte unterhalb der Diagonalen auf 0 gesetzt.

So kommt man ohne Brüche zu einer Diagonalgestalt wie in $\mathcal{SM}(A)$ verlangt, aber vielleicht ist noch nicht $d_1|d_2|...|d_r$ erfüllt. Dann geht man wie im folgenden Beispiel vor:

$$A = \begin{pmatrix} 4 & 0 & 0 \\ 0 & 6 & 0 \\ 0 & 0 & 12 \end{pmatrix}, \qquad T = \begin{pmatrix} 1 & 1 & 0 \\ 0 & 1 & 0 \\ 0 & 0 & 1 \end{pmatrix} \qquad TA = \begin{pmatrix} 4 & 6 & 0 \\ 0 & 6 & 0 \\ 0 & 0 & 12 \end{pmatrix}.$$

Nun bringt man wie bereits beschrieben den $\text{ggT}(4, 6) = 2$ an die Stelle von $a_{11}$ und fährt damit weiter fort. Ganz am Ende müssen evtl. noch negative Vorzeichen entfernt werden.

Die Basiswechsel zur Smith-Normalform benutzen Transformationsmatrizen mit ganzzahligen Einträgen, die natürlich invertierbar sind. Die Menge dieser Matrizen wird mit $\text{GL}_n(\mathbb{Z})$ für $V$ bzw. $\text{GL}_m(\mathbb{Z})$ für $W$ bezeichnet. Wir haben wieder ein Äquivalenzkriterium:

Für ganzzahlige Matrizen $A_1$ und $A_2$ gilt:
$A_1 \sim A_2$ unter Basiswechseln aus $\text{GL}_i(\mathbb{Z}), i \in \{n, m\} \iff \mathcal{SM}(A_1) = \mathcal{SM}(A_2)$

**Die Smith-Normalform existiert für Matrizen mit Einträgen in beliebigen euklidischen oder allgemeiner Hauptidealringen.** Ein euklidischer Ring ist dadurch gekennzeichnet, dass es in ihm eine Division mit Rest gibt, die die Bestimmung des ggT zweier Ringelemente mittels des euklidischen Algorithmus ermöglicht. Genau diesen haben wir hier bei der Bestimmung der Smith-Normalform für den Ring $\mathbb{Z}$ benutzt, allerdings ohne den euklidischen Algorithmus explizit auszuführen. Ein Beispiel für die Smith-Normalform für Matrizen über einem Polynomring findet sich in Abschn. 3.5.

### 2.1.3 Singulärwertzerlegung

Die Singulärwertzerlegung ist definiert für Homomorphismen von Vektorräumen über $\mathbb{K}$ und nutzt das innere Produkt aus: Es werden nur Basiswechsel zu orthonormalen Basen zugelassen.

**Satz 2.3 (Singulärwertzerlegung)** *Für einen Homomorphismus* $f \in \mathrm{Hom}(V, W)$ *zwischen Vektorräumen über* $\mathbb{K}$ *können orthonormale Basen von* $V$ *und* $W$ *so gefunden werden, dass* $f$ *in diesen Basen durch eine* $(m \times n)$*-Matrix* $\mathcal{S}(A)$ *repräsentiert wird, die die Gestalt*

$$\mathcal{S}(A) = \left(\begin{array}{cccc|c} s_1 & & & & \\ & s_2 & & & \mathbb{O}_{r,n-r} \\ & & \ddots & & \\ & & & s_r & \\ \hline & \mathbb{O}_{m-r,r} & & & \mathbb{O}_{m-r,n-r} \end{array}\right)$$

*hat. Die bis auf die Reihenfolge eindeutig bestimmten Werte* $s_1, s_2, \ldots, s_r$ *mit* $r = \mathrm{Rang}(f)$ *heißen* ***Singulärwerte*** *der Matrix. Für* $m = r$ *bzw.* $n = r$ *kommen keine Zeilen bzw. Spalten mit nur Nullen vor.*

Der Name „Singulärwertzerlegung" rührt daher, dass Satz 2.3 es erlaubt, eine Matrix $A$ mit Einträgen aus $\mathbb{R}$ bzw. $\mathbb{C}$ als Produkt

$$A = TDS^{-1}$$

mit orthogonalen bzw. unitären Matrizen $T$ und $S$ und einer Diagonalmatrix $D = \mathcal{S}(A)$ darzustellen.

**Der Beweis** geht wieder von den direkten Summen in den Gl. (1.3) und (1.4) und der Isomorphie $\mathrm{Bild}(A) \cong \mathrm{Bild}(A^\dagger)$ aus und versucht, gute orthonormale Basen von $\mathrm{Bild}(A)$ und $\mathrm{Bild}(A^\dagger)$ zu finden. Der Schlüssel dazu ist die hermitesche $(n \times n)$-Matrix $A^\dagger A$ und die folgende Tatsache:

$$\mathrm{Rang}(A^\dagger A) = \mathrm{Rang}(A) = r$$

***Beweis*** Es ist $\mathrm{Kern}(A) = \mathrm{Kern}(A^\dagger A)$: Klar ist $\mathrm{Kern}(A) \subset \mathrm{Kern}(A^\dagger A)$. Sei andererseits $\boldsymbol{a} \in \mathrm{Kern}(A^\dagger A)$, also $A^\dagger A\boldsymbol{a} = 0 \Longrightarrow \boldsymbol{a}^\dagger A^\dagger A\boldsymbol{a} = \|A\boldsymbol{a}\|^2 = 0 \iff A\boldsymbol{a} =$

$0 \iff \boldsymbol{a} \in \text{Kern}(A)$. Nun rechnet man $\text{Rang}(A^\dagger A) = n - \dim \text{Kern}(A^\dagger A) = n - \dim \text{Kern}(A) = n - (n - r) = r$. □

Die Konstruktion von $\mathcal{S}(A)$ erfolgt nun auf gleiche Weise wie im zweiten Beweis zu Satz 2.1, indem zuerst eine orthonormale Basis von $\text{Bild}(A^\dagger)$ gesucht wird. Das Vorgehen ist wie folgt:

1. Da $A^\dagger A$ hermitesch ist, hat diese Matrix $n$ Eigenvektoren zu Eigenwerten, von denen wegen ihres Ranges genau $r$ von 0 verschieden sind. Diese seien $\lambda_1, \ldots, \lambda_r$ mit zugehörigen Eigenvektoren $\boldsymbol{v}_1, \ldots, \boldsymbol{v}_r \in \text{Bild}(A^\dagger)$.[1] Sie können orthonormal gewählt werden. Wegen Gl. (1.4) kann man diese Vektoren zu einer orthonormalen Basis $\boldsymbol{v}_1, \ldots, \boldsymbol{v}_n$ von $V$ ergänzen mit $\boldsymbol{v}_{r+1}, \ldots, \boldsymbol{v}_n \in \text{Kern}(A)$.
2. Mit den Vektoren $\boldsymbol{w}_i := A\boldsymbol{v}_i,\ i = 1, \ldots, r$, bilden wir die neue Basis von $W$: Die Vektoren $\boldsymbol{w}_i$ sind bereits orthogonal, denn

   $$\langle \boldsymbol{w}_i, \boldsymbol{w}_j \rangle = \boldsymbol{v}_i^\dagger A^\dagger A \boldsymbol{v}_j = \boldsymbol{v}_i^\dagger \lambda_j \boldsymbol{v}_j = \lambda_j \langle \boldsymbol{v}_i, \boldsymbol{v}_j \rangle = \begin{cases} \lambda_i & \text{für } i = j \\ 0 & \text{für } i \neq j \end{cases}.$$

   Man beachte, dass daraus $\|w_i\| = \sqrt{\langle \boldsymbol{w}_i, \boldsymbol{w}_i \rangle} = \sqrt{\lambda_i}$ folgt.
   Den ersten Teil der neuen Basis von $W$ bilden die normierten Vektoren $\boldsymbol{w}_i{}' = \frac{1}{\sqrt{\lambda_i}} \boldsymbol{w}_i,\ i = 1, \ldots, r$. Sie spannen den Unterraum $\text{Bild}(A)$ auf. Diesen Teil ergänzen wir zu einer orthonormalen Basis von $W$ durch orthonormierte Vektoren $\boldsymbol{w}_i{}',\ i = r + 1, \ldots, m$.

In diesen neuen Basen bekommt die Matrix $A$ die gewünschte Hauptdiagonalgestalt $\mathcal{S}(A)$:

$$A\boldsymbol{v}_i = \boldsymbol{w}_i = \begin{cases} \sqrt{\lambda_i} \boldsymbol{w}_i{}' & \text{für } 1 \leq i \leq r \\ \boldsymbol{0} & \text{für } r + 1 \leq i \leq n \end{cases}.$$

Setzt man $s_i := \sqrt{\lambda_i}$, dann hat man damit die Singulärwerte von $A$ gefunden. Mit den Transformationsmatrizen $S := (\boldsymbol{v}_1, \ldots, \boldsymbol{v}_n)$ und $T := (\boldsymbol{w}_1{}', \ldots, \boldsymbol{w}_m{}')$ bekommt man die Singulärwertzerlegung $A = T\mathcal{S}(A)S^{-1}$. Damit hat man eine sehr übersichtliche Beschreibung der Aktion des Homomorphismus $f$ auf einen Vektor:

[1] Letzteres ist wegen $\lambda_i \boldsymbol{v}_i = A^\dagger A \boldsymbol{v}_i$ klar!

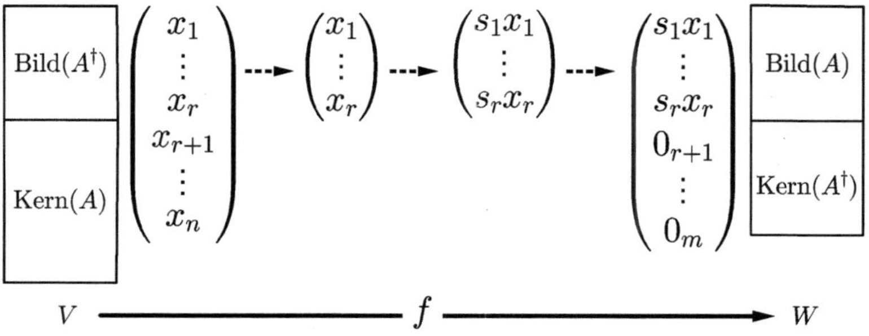

**Abb. 2.1** Aktion von $f$ in der orthonormalen Basis zur Singulärwertzerlegung als Komposition einer Projektion, Streckung und Einbettung in $W$ darstellt

1. unitäre Transformation durch $S$, das ist eine höherdimensionale Drehung und/oder Spiegelung, anders gesagt eine längenerhaltende Bewegung ohne Translation,
2. Aktion von $\mathcal{S}(A)$:

   a. Projektion auf die ersten $r$ Komponenten
   b. komponentenweise Streckung mit den $s_i$,
   c. evtl. Auffüllen mit Nullen auf die Länge $m$.

3. unitäre Transformation durch $T$.

Die Abb. 2.1, die sich an Abb. 1.2 anlehnt, zeigt diese Schritte noch einmal anschaulich.

## 2.2 Normalformen für Endomorphismen

Wir betrachten hier Endomorphismen $f \in \text{Hom}(V, V)$, welche durch quadratische Matrizen $A$ repräsentiert werden. Da quadratische Matrizen auch rechteckig sind, sind grundsätzlich auch die Normalformen aus Abschn. 2.1 anwendbar. Dazu muss man allerdings $f$ auffassen als Homomorphismus $f \in \text{Hom}(V, \widetilde{V})$ mit $V \cong \widetilde{V}$, damit Basiswechsel in zwei Vektorräumen möglich sind. Uns steht aber im Folgenden nur ein Basiswechsel in $V$ zur Verfügung.

### 2.2.1 Hauptachsen-Normalform, Diagonalisierung

Unter geeigneten Voraussetzungen lässt sich eine besonders übersichtliche Repräsentation von $f$ durch eine Diagonalmatrix, eine **Diagonalisierung,** erreichen:

**Satz 2.4 (Hauptachsen-Normalform)** *Der* $\mathbb{K}$*-Vektorraum* $V$ *besitze eine Basis aus Eigenvektoren des Endomorphismus* $f \in \mathrm{Hom}(V, V)$*. Dann kann eine Basis von* $V$ *gefunden werden, so dass* $f$ *in dieser Basis durch eine Diagonalmatrix* $\mathcal{H}(A)$ *repräsentiert wird, die auf der Diagonalen alle Eigenwerte von* $V$ *enthält. Jeder Eigenwert kommt so oft vor, wie seine algebraische Vielfachheit angibt:*

$$\mathcal{H}(A) = \begin{pmatrix} \lambda_1 & & & 0 \\ & \lambda_2 & & \\ & & \ddots & \\ 0 & & & \lambda_n \end{pmatrix}$$

*Eine Basis aus Eigenvektoren existiert genau dann, wenn* $\chi(A)$ *in Linearfaktoren zerfällt (das ist garantiert für* $\mathbb{K} = \mathbb{C}$*) und für jeden Eigenwert von* $A$ *die algebraische Vielfachheit gleich der geometrischen Vielfachheit ist. In diesem Fall heißt* $f$ ***halbeinfach****.*

*In den folgenden Fällen existiert eine Basis aus Eigenvektoren und der Basiswechsel kann unitär gewählt werden:*

1. *$A$ ist hermitesch*
2. *$\mathbb{K} = \mathbb{C}$ und $A$ ist unitär*
3. *$\mathbb{K} = \mathbb{C}$: $A$ ist unitär diagonalisierbar $\iff$ $A$ ist normal.*
4. *$\mathbb{K} = \mathbb{R}$: $A$ ist orthonormal diagonalisierbar $\iff$ $A$ ist symmetrisch*

***Beweis*** Nach Satz 1.14 sind Eigenvektoren zu verschiedenen Eigenwerten linear unabhängig. Für jeden Eigenraum zu einem mehrfachen Eigenwert wählt man eine Basis aus. Wenn $S = (\boldsymbol{b}_1, \ldots, \boldsymbol{b}_n)$ die Transformationsmatrix auf diese Basis ist mit Eigenvektoren $\boldsymbol{b}_i$ von $A$ zu Eigenwerten $\lambda_i$ (mit Vielfachheit), dann ist die Wirkung von $f$ in dieser Basis gegeben durch $f(\boldsymbol{b}_i) = \lambda_i \boldsymbol{b}_i$, das wird repräsentiert durch $\mathcal{H}(A)$.

1. $\Longleftarrow$ 3., denn aus *hermitesch* folgt *normal.*
2. $\Longleftarrow$ 3., denn aus *unitär* folgt *normal.* Es folgt auch direkt aus Satz 1.14 4.
3. $\Longrightarrow$: Diagonalmatrizen sind offenbar normal und Normalität bleibt bei unitären Basiswechseln erhalten.

$\Longleftarrow$: Wir nutzen die **Schur'sche Normalform,** deren Existenz wir gleich anschließend in Satz 2.5 beweisen werden. Demnach kann man annehmen, dass $A$ eine obere Dreiecksmatrix und normal ist. Eine obere Dreiecksmatrix kann aber nur normal sein, wenn sie eine Diagonalmatrix ist. Wir schauen dazu auf die erste Spalte von $A$ und benennen Teile von $A$ so wie hier zu sehen:

$$A = \left(\begin{array}{c|c} c & \boldsymbol{a} \\ \hline \boldsymbol{0} & B \end{array}\right), \; c \in \mathbb{C}, \; \boldsymbol{a} \in \mathbb{C}^{n-1}, \; B \text{ vom Typ } (n-1)\times(n-1).$$

Damit rechnen wir

$$AA^\dagger = \left(\begin{array}{c|c} |c|^2 + \|\boldsymbol{a}\|^2 & \boldsymbol{a}B^\dagger \\ \hline B\boldsymbol{a}^\dagger & BB^\dagger \end{array}\right) \stackrel{!}{=} A^\dagger A = \left(\begin{array}{c|c} |c|^2 & \bar{c}\boldsymbol{a} \\ \hline c\boldsymbol{a}^\dagger & \|\boldsymbol{a}\|^2 + B^\dagger B \end{array}\right).$$

Es muss also $\|\boldsymbol{a}\| = 0, \boldsymbol{a} = \boldsymbol{0}$ sein und folglich $BB^\dagger = B^\dagger B$. $B$ ist damit normal und obere Dreiecksmatrix, aber von um 1 kleinerer Größe. Wir wiederholen die obige Rechnung mit $B$, usw., bis nur die Diagonale von $A$ übrig bleibt. **Achtung,** wir können hier nicht $\mathbb{K} = \mathbb{R}$ nehmen und auf orthonormale Diagonalisierbarkeit schließen, denn die Schur'sche Normalform enthält i. A. komplexe (Eigenwert)-Einträge.

4.: $\Longleftarrow$ ist klar. $\Longrightarrow$ ergibt sich wegen $A = SDS^{-1} = SDS^\mathsf{T}$ mit einer Diagonalmatrix $D$ und einer orthogonalen Matrix $S$. Dann ist aber $A^\mathsf{T} = SD^\mathsf{T}S^\mathsf{T} = SDS^\mathsf{T} = A$.

Dieser hübsche Schluss funktioniert nicht für $\mathbb{K} = \mathbb{C}$, denn dann ist i. A. $D^\dagger = \bar{D} \neq D$.

□

Die hier gewählte Bezeichnung *Hauptachsen-Normalform* erklärt sich aus einer wichtigen Anwendung, siehe Abschn. 3.3.

Insgesamt hat man eine elegante Beschreibung der Wirkung von $f$, wenn $A$ diagonalisierbar ist:

1. Transformation durch $S$,
2. komponentenweise Streckung mit den $\lambda_i$,
3. Rück-Transformation durch $S^{-1}$.

Wenn ein unitärer Basiswechsel möglich ist, dann ist die Transformationen $S$ wieder eine höherdimensionale Drehung und/oder Spiegelung.

### 2.2.2 Schur'sche Normalform

Ein Zwischenschritt zur Hauptachsen-Normalform, den wir schon in Satz 2.4 benutzt haben, ist die Schur'sche Normalform.

**Satz 2.5 (Schur'sche Normalform)** *Für $\mathbb{K} = \mathbb{C}$ gibt es eine orthonormale Basis, in der $f$ durch eine obere Dreiecksmatrix*

$$Sch(A) = \begin{pmatrix} \lambda_1 & * & \cdots & * \\ 0 & \lambda_2 & \ddots & \vdots \\ \vdots & \ddots & \ddots & * \\ 0 & \cdots & 0 & \lambda_n \end{pmatrix}$$

*repräsentiert wird. Auf der Hauptdiagonalen stehen dabei die Eigenwerte von $A$ jeweils mit ihrer algebraischen Vielfachheit. Sternchen (*) stehen für beliebige Einträge.*

*$A$ hat damit die Darstellung $A = SSch(A)S^{-1}$ mit einer unitären Matrix $S$.*

***Beweis*** Der Beweis verläuft entlang der Argumentation im Beweis von Satz 1.14 4., benutzt aber Satz 1.12 1.: Da wir in $\mathbb{K} = \mathbb{C}$ sind, haben wir sicher einen Eigenwert $\lambda_1$ und einen normierten Eigenvektor $\boldsymbol{u}_1$, der einen 1-dimensionalen Unterraum $U_1 \subset V$ erzeugt.

Wir zerlegen: $V = U_1 \oplus U_2$ und wählen eine orthonormale Basis von $U_2$. Zusammen mit $\boldsymbol{u}_1$ haben wir eine neue orthonormale Basis von $V$. Auf $V = U_1 \oplus U_2$ können wir nun Satz 1.12 1. anwenden: $f$ wird in der neuen Basis repräsentiert durch

$$A = \left(\begin{array}{c|c} \lambda_1 & * \\ \hline \mathbf{0} & B \end{array}\right)$$

mit einer $(n-1)\times(n-1)$-Matrix $B$. Die erste Spalte von $A$ ist also schon leergeräumt, und wir verfahren genauso mit $B$, bis wir die gewünschte obere Dreiecksmatrix erreicht haben.

Da sich bei Basiswechsel das charakteristische Polynom nicht ändert, dieses für $\mathcal{S}ch(A)$ aber $\chi_{\mathcal{S}ch(A)}(t) = (t-\lambda_1)\cdot\ldots\cdot(t-\lambda_n) \overset{!}{=} \chi_A(t)$ ist, müssen die $\lambda_i$ die Eigenwerte von $A$ sein. □

Die Schur'sche Normalform ist für sich genommen durchaus interessant, da sie fast ohne Voraussetzungen auskommt und Dreiecksmatrizen für viele Anwendungen schon hilfreich genug sind.

### 2.2.3 Jordan-Normalform

Wir betrachten nun den Fall, dass es Eigenwerte gibt, bei denen die geometrische Vielfachheit kleiner ist als die algebraische Vielfachheit. Dann ist die Hauptachsen-Normalform nicht erreichbar, aber man kann zumindest über algebraisch abgeschlossenen Körpern $k$, also insbesondere für $\mathbb{K} = \mathbb{C}$, die **Jordansche Normalform** erreichen, die einer Diagonalgestalt so nahe kommt wie nur möglich.

**Satz 2.6 (Jordan-Normalform)** *Für einen $\mathbb{K}$-Vektorraum $V$ und einen Endomorphismus $f \in \mathrm{Hom}(V, V)$ zerfalle $\chi_f$ in Linearfaktoren. Dann lässt sich eine Basis von $V$ finden, in der $f$ durch eine Diagonal-Block-Matrix der Gestalt*

$$\mathcal{J}(A) = \begin{pmatrix} \boxed{J_{d_1}(\lambda_1)} & & & 0 \\ & \boxed{J_{d_2}(\lambda_2)} & & \\ & & \ddots & \\ 0 & & & \boxed{J_{d_\ell}(\lambda_\ell)} \end{pmatrix} \tag{2.1}$$

*repräsentiert wird. Dabei steht jedes $J_d(\lambda)$ für einen **Jordan-Block,** das ist eine $d\times d$-Matrix der Gestalt*

$$J_d(\lambda) = \begin{pmatrix} \lambda & 1 & & & \\ & \lambda & 1 & & 0 \\ & & \ddots & \ddots & \\ 0 & & & \ddots & 1 \\ & & & & \lambda \end{pmatrix} \tag{2.2}$$

*mit einem Eigenwert $\lambda$ von $A$. Die Werte $\lambda_1, \ldots, \lambda_\ell$ enthalten alle Eigenwerte von $A$, eventuell mehrfach. Natürlich muss $n = d_1 + d_2 + \cdots + d_\ell$ sein.*

*Jeder Eigenwert $\lambda$ von $A$ kommt in mindestens einem Jordan-Block vor. Die Anzahl dieser Blöcke ist die geometrische Vielfachheit von $\lambda$, die Summe der Blockgrößen $d$ dieser Blöcke ist seine algebraische Vielfachheit. Bis auf die Reihenfolge ist die Größe und Anzahl aller Jordan-Blöcke eindeutig bestimmt.*

***Beweis*** Die Zerlegung von $V$ in Haupträume nach Satz 1.15 erlaubt es uns, jedes $f_i := f|_{H_{\tilde{\lambda}_i}}$ einzeln zu betrachten, dafür die Jordan-Normalform zu beweisen, und diese Normalformen dann zusammenzusetzen.[2] Dabei spielt natürlich wieder Satz 1.12 die entscheidende Rolle.

Wir können uns also auf den Spezialfall beschränken, dass $A$ nur einen einzigen Eigenwert $\lambda$ der algebraischen Vielfachheit $n$ hat. Das bedeutet, dass $\chi_f(t) = (t - \lambda)^n$ ist. Nach Satz 2.5 können wir von einer Basis von $V$ ausgehen, in der

$$A = \begin{pmatrix} \lambda & & * \\ & \ddots & \\ 0 & & \lambda \end{pmatrix}$$

eine obere Dreiecksmatrix ist. Wir können sogar $\lambda = 0$ annehmen: $B := A - \lambda\mathbb{1}$ hat $n$-fachen Eigenwert 0, ein Basiswechsel mit Transformationsmatrix $S$ führt auf

$$S^{-1}AS = S^{-1}BS + \lambda S^{-1}\mathbb{1}\, S = S^{-1}BS + \lambda\mathbb{1},$$

[2] Die Indizierung der Eigenwerte ist hier wie in Satz 1.15, also anders als in der Formulierung von Satz 2.6.

und die $\lambda$'s tauchen auf der Hauptdiagonalen wieder auf. Das führt dazu, dass eine bewiesene Jordan-Normalform für $B$ mit Jordan-Blöcken $J_d(0)$ unter demselben Basiswechsel Jordan-Blöcke $J_d(\lambda)$ für $A$ ergibt.

$A$ sei nun also eine obere Dreiecksmatrix mit Nullen auf der Hauptdiagonalen. Man überzeugt sich leicht durch Ausrechnen davon, dass $A^k$ auf $k$ Diagonalen oberhalb und einschließlich der Hauptdiagonalen Nullen enthält, als Konsequenz ist $A^n = \mathbb{O}$.

Es gibt einen kleinsten Exponenten $m \leq n$ mit $A^m = \mathbb{O}$, d. h. es ist $p_A(t) = t^m$. Wegen $A^{m-1} \neq \mathbb{O}$ gibt es einen Vektor $\boldsymbol{v}$ mit $A^{m-1}\boldsymbol{v} \neq \mathbf{0}$. Wegen $p_v(t)|p_A(t) = t^m$ ist deshalb auch $p_v(t) = t^m$. Die Vektoren $A^{m-1}\boldsymbol{v}, A^{m-2}\boldsymbol{v}, \ldots, \boldsymbol{v}$ sind linear unabhängig, denn eine lineare Abhängigkeit $a_0\boldsymbol{v} + a_1 A\boldsymbol{v} + \cdots + a_{m-1}A^{m-1}\boldsymbol{v} = \mathbf{0}$ würde bedeuten, dass grad $p_v < m$ wäre. Die Liste $\mathcal{B} := (A^{m-1}\boldsymbol{v}, A^{m-2}\boldsymbol{v}, \ldots, \boldsymbol{v})$ ist also Basis eines Unterraumes, den wir als $U_1$ nehmen:

$$U_1 := Z_f(\boldsymbol{v}) = \operatorname{span}(\mathcal{B}).$$

$f|_{U_1}$ wird in der Basis von $U_1$ durch die Begleitmatrix zu $p_A(t) = t^m$ repräsentiert, die genau die Gestalt $J_m(0)$ hat, das wäre unser erster Jordan-Block zum Eigenwert 0. Wenn $m = n$ ist, sind wir schon fertig. Wenn nicht, dann wollen wir Satz 1.12 2. anwenden. Wegen $p_A = p_{\boldsymbol{v}}$ liefert uns Satz 1.17 einen zweiten direkten Summanden $U_2$ mit $V = U_1 \oplus U_2$.

Damit ist unser erster Jordan-Block $J_m(0)$ wirklich einer für $A$ und wir können uns auf $f|_{U_2}$ stürzen. Letzteres hat aber Eigenwert 0 mit Vielfachheit $n - m$. So können wir iterativ weitermachen und so viele Jordan-Blöcke zum Eigenwert 0 finden, dass sie eine $n \times n$-Matrix ausfüllen.

Jeder Jordan-Block hat genau einen linear unabhängigen Eigenvektor zum Eigenwert 0, nämlich $(1, 0, \ldots, 0)^{\mathsf{T}}$, wie man sofort nachprüft, daher gibt es so viele Blöcke, wie die geometrische Vielfachheit angibt. Die Summe der Blockgrößen ist $n$, die algebraische Vielfachheit.

Die Eindeutigkeit der Anzahl und Größe der Jordan-Blöcke folgt aus der Formel

$$c_d = r_{d-1} - 2r_d + r_{d+1} \text{ mit } r_d := \operatorname{Rang}\big((\lambda\mathbb{1} - A)^d\big)$$

für die Anzahl $c_d$ von Blöcken der Größe $d = 1, \ldots, n$, denn sie sind damit direkt durch Eigenschaften von $A$ bestimmt. Zum Beweis der Formel verweisen wir auf [3, Satz 4.108]. Es ist aber gar nicht schwer, sie direkt einzusehen, denn $B = \lambda\mathbb{1} - A$ hat Eigenwerte 0, ihre Jordan-Normalform enthält $J_d(0)$-Blöcke, $\operatorname{Rang}(J_d(0)) = d - 1$. Aus einer vorgegebenen Liste der $c_d$ bestimmt man leicht die Ränge $r_d$, und diesen Zusammenhang muss man nach den $c_d$ auflösen. □

### 2.2.4 Frobenius-Normalform

Die Jordan-Normalform gibt eine präzise Übersicht über die Aktion von $f$, hat aber den Nachteil, dass sie die Zerlegung von $\chi_f$ in Linearfaktoren voraussetzt. Für $\mathbb{K} = \mathbb{R}$ ist das evtl. ein Hindernis. Zwar ist durch Übergang zu $\mathbb{C}$ die Jordan-Normalform erreichbar, hat dann aber i. A. komplexe Einträge.

Die klare Struktur der Jordan-Normalform eröffnet aber den Weg zur Frobenius-Normalform, die diesen Nachteil nicht hat. Insbesondere für $\mathbb{K} = \mathbb{R}$ hat sie nur reelle Zahlen als Einträge.

**Satz 2.7 (Frobenius-Normalform)** *Zum $\mathbb{K}$-Vektorraum $V$ existiert eine Basis, in der $f$ repräsentiert wird durch eine Block-Diagonal-Matrix der Gestalt*

$$\mathcal{F}(A) = \begin{pmatrix} B_{p_1} & & & 0 \\ & B_{p_2} & & \\ & & \ddots & \\ 0 & & & B_{p_\ell} \end{pmatrix}.$$

Die $B_{p_i}$ sind dabei Begleitmatrizen zu Polynomen $p_i$. Diese erfüllen

$$p_\ell | p_{\ell-1} | \cdots | p_2 | p_1.$$

Speziell ist $p_1 = p_A$, das Minimalpolynom von $f$, und $\prod_{i=1}^{\ell} p_i = \chi_A$.
Für $\mathbb{K} = \mathbb{R}$ hat $\mathcal{F}(A)$ nur reelle Zahlen als Einträge.
Die Polynome $p_i$ werden ***Invariantenteiler*** der Matrix $A$ genannt.

***Beweis*** Wir nutzen erneut Satz 1.17 aus, aber anders als in Satz 2.6 für $f$ selbst, nicht nur für $f|_H$ mit einem Hauptraum $H$. Wir repräsentieren $f$ durch die Jordan-Normalform (2.1). Sie gibt uns auch eine Zerlegung

$$V = V_1 \oplus V_2 \oplus \cdots \oplus V_\ell,$$

gegeben durch die Jordan-Blöcke $J_i := J_{d_i}(\lambda_i)$. Für jedes Polynom $p$ wirkt $p(A)$ auf jeden Jordan-Block unabhängig und einzeln, das heißt, es ist

$$p(A) = \begin{pmatrix} \boxed{p(J_1)} & & & 0 \\ & \boxed{p(J_2)} & & \\ & & \ddots & \\ 0 & & & \boxed{p(J_\ell)} \end{pmatrix}.$$

Mit Blick auf (2.2) sieht man sofort $\chi_{f|V_i}(t) = \operatorname{Det}(t\mathbb{1} - J_i) = (t - \lambda_i)^{d_i}$. Dies ist auch schon $p_{f|V_i}(t)$, denn dafür kommen nur Polynomteiler von $\chi_{f|V_i}(t)$, also Polynome $(t - \lambda_i)^j$, $j \leq d_i$, in Frage, und man prüft leicht nach, dass kleinere Grade nicht annullieren.

Wir stellen damit nach Satz 1.9 4. fest

$$p_A(t) = \operatorname{kgV}\big((t - \lambda_1)^{d_1},\ (t - \lambda_2)^{d_2},\ \ldots,\ (t - \lambda_\ell)^{d_\ell}\big).$$

Da $(t - \lambda_i)^{d_i}$ und $(t - \lambda_j)^{d_j}$ teilerfremd sind für $\lambda_i \neq \lambda_j$, müssen wir uns nur Jordan-Blöcke zu gleichen Eigenwerten für den kgV genauer ansehen.

Seien $J_{e_1}(\lambda),\ J_{e_2}(\lambda),\ \ldots,\ J_{e_g}(\lambda)$ alle Blöcke zu einem Eigenwert $\lambda$ mit $e_1 \geq e_2 \geq \cdots \geq e_g$, also alle die, die zum Hauptraum $H_\lambda$ gehören, $g$ ist die geometrische Vielfachheit von $\lambda$. Dann ist $(t - \lambda)^{e_1}$ deren Beitrag zum kgV für $p_A$, also das Polynom aus dem größten Block zu $\lambda$.

Wir finden auch leicht einen Vektor $\boldsymbol{u}_\lambda$ mit $p_{u_\lambda}(t) = (t - \lambda)^{e_1}$, nämlich z. B. den Vektor, dessen Komponenten alle 0 sind bis auf jene, die zum Unterraum $V_i$ gehören mit $J_i = J_{d_i}(\lambda_i) = J_{e_1}(\lambda)$. Dort hat $\boldsymbol{u}_\lambda = \boldsymbol{u}_{\lambda_i}$ die Komponenten $(\underbrace{0, \ldots, 0}_{d_i - 1 \text{ Stück}}, 1)$.

Fassen wir zusammen: es seien $\widetilde{\lambda}_1, \ldots, \widetilde{\lambda}_k$ die paarweise verschiedenen Eigenwerte von $A$ und $J_{\widetilde{d}_1}(\widetilde{\lambda}_1), \ldots, J_{\widetilde{d}_k}(\widetilde{\lambda}_k)$ die jeweils größten Jordan-Blöcke zu diesen Eigenwerten, dann ist

$$p_A(t) = (t - \widetilde{\lambda}_1)^{\widetilde{d}_1} (t - \widetilde{\lambda}_2)^{\widetilde{d}_2} \cdot \ldots \cdot (t - \widetilde{\lambda}_k)^{\widetilde{d}_k}$$

und $\boldsymbol{u} := \boldsymbol{u}_{\widetilde{\lambda}_1} + \cdot \ldots \cdot + \boldsymbol{u}_{\widetilde{\lambda}_k}$ ein Vektor mit $p_A = p_{\boldsymbol{u}}$. Die letzte Aussage folgt aus Satz 1.9 3.

Damit haben wir die Voraussetzungen für Satz 1.17 beisammen: $\boldsymbol{u}$ ist der gerade gefundene Vektor, $U_1 = Z_f(\boldsymbol{u}) = V_{i_1} \oplus \cdots \oplus V_{i_k}$ die direkte Summe derjenigen $V_i$, die zu den Blöcken $J_{\widetilde{d}_i}(\widetilde{\lambda}_i)$ gehören, die zur Bestimmung von $p_A$ genutzt wurden. Satz 1.16 zeigt nun, dass der erste Block aus $\mathcal{F}(A)$ die Begleitmatrix zu $p_A$ ist,

$$p_1 = p_A, \text{ also } B_{p_1} = B_{p_A}.$$

Der zweite Vektorraum $U_2$ in der direkten Summe $V = U_1 \oplus U_2$ nach Satz 1.17 ist die direkte Summe derjenigen $V_i$, die nicht in $U_1$ enthalten sind.

Für die weiteren Blöcke – es müssen weitere folgen, es sei denn, $p_A = \chi_A$, woraus $U_2 = \{\mathbf{0}\}$ folgt – betrachten wir $f_2 := f|_{U_2}$. Da sich die Basis für $U_2$ noch nicht verändert hat, wird $f_2$ durch die Matrix $A_2$, bestehend aus den noch nicht für $U_1$ verwendeten Jordan-Blöcken von $A$, repräsentiert. Jeder dieser Blöcke hat ein charakteristisches Polynom der Gestalt $(t - \widetilde{\lambda}_i)^e$, $i = 1, \ldots, k$, mit $0 \leq e \leq \widetilde{d}_i$, denn die $\widetilde{d}_i$ gehörten zu den größten Blöcken zu $\widetilde{\lambda}_i$. Für das Polynom $p_2 = p_{A_2}$ zur Begleitmatrix des zweiten Blocks in der Frobenius-Normalform finden wir die gleiche Gestalt wie für $p_1 = p_A$, nur dass die Exponenten nicht mehr die Blockgrößen $\widetilde{d}_i$ aus den größten Jordan-Blöcken zu $\widetilde{\lambda}_i$ sind, sondern aus den zweitgrößten. Nennen wir sie $\widetilde{e}_i$. Es kann durchaus $\widetilde{e}_i = \widetilde{d}_i$ sein, wenn es mehrere gleichgroße größte Blöcke gibt, genauso wie $\widetilde{e}_i = 0$ auftritt, falls es keinen Block zu $\widetilde{\lambda}_i$ mehr gibt. Auf jeden Fall muss

$$p_2 = p_{A_2} | p_1 = p_A$$

gelten. Damit spaltet man $U_2$ wieder in zwei Unterräume auf, der erste liefert den nächsten Frobenius-Block, der zweite „übernimmt" die nun noch übrigen Jordan-Blöcke.

In dieser Weise fährt man fort, bis alle Jordan-Blöcke aufgebraucht sind und $\mathcal{F}(A)$ aufgestellt ist. □

### 2.2.5 Weierstraß-Normalform

Für den Fall, dass eines oder mehrere der Polynome $p_A, p_{A_2}, \ldots$ reduzibel sind, lassen sich die Begleitmatrizen der Frobenius-Normalform noch weiter zerlegen und man kommt zur Weierstraß-Normalform:

**Satz 2.8 (Weierstraß-Normalform)** *Jeder Frobenius-Block $B_p$ der Frobenius-Normalform lässt sich weiter aufspalten, wenn $p = h_1 \cdot h_2 \cdot \ldots \cdot h_s$ eine Zerlegung in paarweise teilerfremde Polynome ist:*

$$B_p \simeq \begin{pmatrix} \boxed{B_{h_1}} & & & 0 \\ & \boxed{B_{h_2}} & & \\ & & \ddots & \\ 0 & & & \boxed{B_{h_s}} \end{pmatrix}.$$

*Man kommt so zur Weierstraß-Normalform $\mathcal{W}(A)$.*

Zum Beweis verweisen wir auf [8]. Ein Beispiel soll den Unterschied zeigen. Wir betrachten eine Matrix $A$ und zeigen gleich die Jordan-Normalform

$$A = \begin{pmatrix} 4 & 5 & -2 & -3 \\ -8 & -9 & 2 & 8 \\ -4 & -5 & 1 & 5 \\ -4 & -4 & 0 & 4 \end{pmatrix}, \quad \mathcal{J}(A) = \begin{pmatrix} 2i & 0 & 0 & 0 \\ 0 & -2i & 0 & 0 \\ 0 & 0 & i & 0 \\ 0 & 0 & 0 & -i \end{pmatrix}.$$

An der Form von $\mathcal{J}(A)$ erkennt man schon, dass $p_A(t) = \chi_A(t) = t^4 + 5t^2 + 1$ ist, denn alle Jordan-Blöcke haben die Größe 1 und es gibt keine mehrfachen Eigenwerte. Die Frobenius-Normalform ist die Begleitmatrix zu $p_A$ selbst, und die Weierstraß-Normalform erhält man aus der Faktorisierung $p_A(t) = (t^2+1)(t^2+4)$:

$$\mathcal{F}(A) = \begin{pmatrix} 0 & 1 & 0 & 0 \\ -5 & 0 & 1 & 0 \\ 0 & 0 & 0 & 1 \\ -4 & 0 & 0 & 0 \end{pmatrix}, \quad \mathcal{W}(A) = \begin{pmatrix} 0 & 1 & 0 & 0 \\ -4 & 0 & 0 & 0 \\ 0 & 0 & 0 & 1 \\ 0 & 0 & -1 & 0 \end{pmatrix}.$$

Man erreicht durch $\mathcal{W}(A)$ eine feinere Zerlegung von $V$ in $f$-invariante Unterräume.

## 2.3 Reelle Normalformen für $\mathbb{K} = \mathbb{R}$

Die Freiheit, die man durch beliebige Basiswechsel hat, ermöglicht Variationen der bisherigen Normalformen, die nur reelle Einträge haben. Dies ergibt neue Normalformen für den Fall $\mathbb{K} = \mathbb{R}$.

### 2.3.1 Sylvester-Normalform

Die erste solche Normalform ist die Sylvester-Normalform:

**Satz 2.9 (Sylvester-Normalform)** *Für einen hermiteschen Endomorphismus $f \in \mathrm{Hom}(V, V)$ kann eine invertierbare Matrix $T$ gefunden werden, so dass die Matrix $T^\dagger AT = \mathcal{SY}(A)$ eine Diagonalmatrix ist, die auf der Diagonalen nur Einträge $1$, $-1$ oder $0$ hat:*

$$\mathcal{SY}(A) = \begin{pmatrix} 1 & & & & & & & & \\ & \ddots & & & & & & 0 & \\ & & 1 & & & & & & \\ & & & -1 & & & & & \\ & & & & \ddots & & & & \\ & & & & & -1 & & & \\ & & & & & & 0 & & \\ & 0 & & & & & & \ddots & \\ & & & & & & & & 0 \\ & \underbrace{\qquad}_{n_+} & & & \underbrace{\qquad}_{n_-} & & & \underbrace{\qquad}_{n_0} & \end{pmatrix}$$

*$\mathcal{SY}(A)$ ist eindeutig bestimmt, und die Anzahlen $n_+$, $n_-$ und $n_0$ zählen die positiven, die negativen und die Eigenwerte $= 0$ mit ihrer jeweiligen Vielfachheit.*

***Beweis*** Wir starten mit einer Basis für $V$, in der $f$ durch die Hauptachsen-Normalform $\mathcal{H}(A)$ repräsentiert wird. Die Transformationsmatrix $S = \{\boldsymbol{u}_1, \ldots, \boldsymbol{u}_n\}$ ist dabei unitär, d. h. $\mathcal{H}(A) = S^\dagger AS$. Die Basisvektoren $\boldsymbol{u}_i$ sind die normierten Eigenvektoren zu den (sämtlich reellen) Eigenwerten $\lambda_i$, die wir zuvor so sortiert haben, dass deren Vorzeichen die Reihenfolge *positiv, negativ, null* haben. Wir skalieren jeden Basisvektor anders (und geben dazu die Normiertheit auf, sie sind aber weiterhin paarweise orthogonal) durch

$$\boldsymbol{v}_i := \alpha_i \boldsymbol{u}_i \text{ mit } \alpha_i = \begin{cases} |\lambda_i|^{-\frac{1}{2}} & \text{für } \lambda_i \neq 0 \\ 1 & \text{für } \lambda_i = 0 \end{cases}, \qquad T = (\boldsymbol{v}_1, \ldots, \boldsymbol{v}_n).$$

Damit ist

$$T = S \begin{pmatrix} \alpha_1 & & \\ & \ddots & \\ & & \alpha_n \end{pmatrix}.$$

Das liefert sofort $T^\dagger AT = \mathcal{SY}(A)$. Die Eindeutigkeit folgt nicht ohne Weiteres, denn die Gestalt von $\mathcal{SY}(A)$ lässt sich ja vielleicht auch mit einem ganz anders konstruierten $T$ erreichen. Wir verweisen auf [1]. □

Die Sylvester-Normalform entsteht *nicht* durch einen Basiswechsel für den Endomorphismus $f$, denn $T$ ist nicht unitär, also $T^\dagger \neq T^{-1}$. Deutet man aber $A$ als Repräsentant einer hermiteschen Sesquilinearform, dann ist der Übergang von $A$ zu $\mathcal{SY}(A)$ genau durch einen Basiswechsel induziert, siehe Abschn. 1.2.5.

## 2.3.2 Reelle Jordan-Normalform

Für die Jordan-Normalform gibt es folgende reelle Version:

**Satz 2.10 (Reelle Jordan-Normalform)** *Für einen $\mathbb{R}$-Vektorraum $V$ und einen Endomorphismus $f \in \mathrm{Hom}(V, V)$ lässt sich eine Basis von $V$ finden, in der $f$ durch eine reelle Diagonal-Block-Matrix der Gestalt*

$$\mathcal{RJ}(A) = \begin{pmatrix} C_{d_1}(\lambda_1) & & & 0 \\ & C_{d_2}(\lambda_2) & & \\ & & \ddots & \\ 0 & & & C_{d_\ell}(\lambda_\ell) \end{pmatrix}$$

*repräsentiert wird. Dabei steht jedes $C_d(\lambda)$ entweder für einen normalen* ***Jordan-Block*** *$J_d(\lambda)$ mit einem reellen Eigenwert $\lambda$ von $f$, oder für eine $2d \times 2d$-Blockmatrix der Gestalt*

$$C_d(\mu + \nu \mathrm{i}) = \begin{pmatrix} B & \mathbb{1}_2 & & & 0 \\ & B & \mathbb{1}_2 & & \\ & & \ddots & \ddots & \\ & & & \ddots & \mathbb{1}_2 \\ 0 & & & & B \end{pmatrix} \quad \text{mit} \quad B = \begin{pmatrix} \mu & \nu \\ -\nu & \mu \end{pmatrix}$$

*und einem komplexen Eigenwert $\lambda = \mu + \nu \mathrm{i}$. Jeder (reelle oder komplexe) Eigenwert $\lambda$ von $A$ kommt in mindestens einem $C_d(\lambda)$ vor. Bis auf die Reihenfolge ist die Größe und Anzahl der Blöcke eindeutig bestimmt.*

***Beweis*** Da $A$ reell ist, ist $\chi_A$ auch ein reelles Polynom. Jede reelle Nullstelle davon liefert einen reellen Eigenwert von $A$, welcher die Jordan-Blöcke zu diesem Eigenwert aus der Jordan-Normalform $\mathcal{J}(A)$ zu $\mathcal{RJ}(A)$ beiträgt. Fassen wir $A$ als Matrix über $\mathbb{C}$ auf, dann hat $\chi_A$ noch weitere komplexe Nullstellen und damit komplexe Eigenwerte, die aber in konjugierten Paaren $\lambda$ und $\bar{\lambda}$ auftreten. Die Haupträume $H_\lambda$ und $H_{\bar{\lambda}}$ sind konjugiert zueinander,

$$\overline{H_\lambda} = H_{\bar{\lambda}} \text{ wegen } H_{\bar{\lambda}} := \operatorname{Kern}\big((\bar{\lambda}\mathbb{1} - A)^r\big) = \overline{\operatorname{Kern}\big((\lambda\mathbb{1} - A)^r\big)},$$

und das ist richtig, weil $A$ eine reelle Matrix ist. Die Jordan-Blöcke zu $\lambda$ und $\bar{\lambda}$ treten deshalb in konjugierten Paaren auf. Wir schauen uns ein typisches Beispiel für solch ein Blockpaar an:

$$\left(\begin{array}{c|c} J_3(\lambda) & \\ \hline & J_3(\bar{\lambda}) \end{array}\right) = \begin{array}{c} \boldsymbol{v}_1 \\ \boldsymbol{v}_2 \\ \boldsymbol{v}_3 \\ \bar{\boldsymbol{v}}_1 \\ \bar{\boldsymbol{v}}_2 \\ \bar{\boldsymbol{v}}_3 \end{array} \left(\begin{array}{ccc|ccc} \lambda & 1 & & & & \\ & \lambda & 1 & & & \\ & & \lambda & & & \\ \hline & & & \bar{\lambda} & 1 & \\ & & & & \bar{\lambda} & 1 \\ & & & & & \bar{\lambda} \end{array}\right) \simeq \begin{array}{c} \boldsymbol{v}_1 \\ \bar{\boldsymbol{v}}_1 \\ \boldsymbol{v}_2 \\ \bar{\boldsymbol{v}}_2 \\ \boldsymbol{v}_3 \\ \bar{\boldsymbol{v}}_3 \end{array} \left(\begin{array}{cc|cc|cc} \lambda & & 1 & & & \\ & \bar{\lambda} & & 1 & & \\ \hline & & \lambda & & 1 & \\ & & & \bar{\lambda} & & 1 \\ \hline & & & & \lambda & \\ & & & & & \bar{\lambda} \end{array}\right)$$

Der Schritt zur ähnlichen $6 \times 6$-Matrix rechts wird erreicht durch eine Permutation der Basisvektoren $\boldsymbol{v}_1, \boldsymbol{v}_2, \boldsymbol{v}_3 \in \operatorname{Kern}\big((\lambda\mathbb{1} - A)^r\big)$, die den Unterraum zu $J_3(\lambda)$ aufspannen, und deren Konjugierten $\bar{\boldsymbol{v}}_1, \bar{\boldsymbol{v}}_2, \bar{\boldsymbol{v}}_3 \in \operatorname{Kern}\big((\bar{\lambda}\mathbb{1} - A)^r\big)$. Ihre Reihenfolge ist jeweils vor die Jordan-Block-Paare geschrieben. (Übrigens ist nicht notwendig $r = 3$, wir schauen ja nur auf *einen* Jordan-Block zu $\lambda$ bzw. $\bar{\lambda}$.)

Aus den Matrizen liest man unmittelbar ab, wie $A$ auf die Vektoren wirkt:

$$A\boldsymbol{v}_1 = \lambda\boldsymbol{v}_1 \qquad A\boldsymbol{v}_2 = \boldsymbol{v}_1 + \lambda\boldsymbol{v}_2 \qquad A\boldsymbol{v}_3 = \boldsymbol{v}_2 + \lambda\boldsymbol{v}_3,$$

und entsprechende Versionen für die konjugierten Vektoren mit $\bar{\lambda}$.

Der Schritt zu reellen Einträgen in die Jordan-Blöcke besteht im Basiswechsel

$$(\boldsymbol{v}_i, \bar{\boldsymbol{v}}_i) \longrightarrow (\boldsymbol{x}_i, \boldsymbol{y}_i) \text{ mit } \boldsymbol{v}_i = \boldsymbol{x}_i + \boldsymbol{y}_i\mathrm{i}, \ i = 1, 2, 3,$$

der Zerlegung von $\boldsymbol{v}_i$ in Real- und Imaginärteil $\boldsymbol{x}_i$ und $\boldsymbol{y}_i$. Der Basiswechsel führt zu linear unabhängigen Vektoren wegen $(\boldsymbol{v}_i, \bar{\boldsymbol{v}}_i)\begin{pmatrix} \frac{1}{2} & \frac{1}{2} \\ \frac{1}{2} & -\frac{1}{2} \end{pmatrix} = (\boldsymbol{x}_i, \boldsymbol{y}_i)$ mit nichtsingulärer Matrix.

Wie stellen sich die Jordan-Blöcke in der neuen Basis dar? Mit der Zerlegung in Real- und Imaginärteil $\lambda = \mu + \nu\mathrm{i}$ rechnen wir:

$$\begin{aligned}
A(\boldsymbol{x}_1 + \boldsymbol{y}_1\mathrm{i}) &= (\mu + \nu\mathrm{i})(\boldsymbol{x}_1 + \boldsymbol{y}_1\mathrm{i}) = \\
&= \mu\boldsymbol{x}_1 - \nu\boldsymbol{y}_1 + (\nu\boldsymbol{x}_1 + \mu\boldsymbol{y}_1)\mathrm{i}, \\
A(\boldsymbol{x}_2 + \boldsymbol{y}_2\mathrm{i}) &= \boldsymbol{x}_1 + \boldsymbol{y}_1\mathrm{i} + (\mu + \nu\mathrm{i})(\boldsymbol{x}_2 + \boldsymbol{y}_2\mathrm{i}) = \\
&= \boldsymbol{x}_1 + \mu\boldsymbol{x}_2 - \nu\boldsymbol{y}_2 + (\boldsymbol{y}_1 + \nu\boldsymbol{x}_2 + \mu\boldsymbol{y}_2)\mathrm{i}, \\
A(\boldsymbol{x}_3 + \boldsymbol{y}_3\mathrm{i}) &= \boldsymbol{x}_2 + \boldsymbol{y}_2\mathrm{i} + (\mu + \nu\mathrm{i})(\boldsymbol{x}_3 + \boldsymbol{y}_3\mathrm{i}) = \\
&= \boldsymbol{x}_2 + \mu\boldsymbol{x}_3 - \nu\boldsymbol{y}_3 + (\boldsymbol{y}_2 + \nu\boldsymbol{x}_3 + \mu\boldsymbol{y}_3)\mathrm{i}.
\end{aligned}$$

Daraus können wir die Wirkung von $A$ auf die neuen Basisvektoren ablesen. Mit der Basisanordnung $\boldsymbol{x}_1, \boldsymbol{y}_1, \boldsymbol{x}_2, \boldsymbol{y}_2, \boldsymbol{x}_3, \boldsymbol{y}_3$ bekommt das Jordan-Block-Paar die Gestalt

$$\left(\begin{array}{c|c} J_3(\lambda) & \\ \hline & J_3(\bar{\lambda}) \end{array}\right) \simeq \begin{array}{c} \boldsymbol{x}_1 \\ \boldsymbol{y}_1 \\ \boldsymbol{x}_2 \\ \boldsymbol{y}_2 \\ \boldsymbol{x}_3 \\ \boldsymbol{y}_3 \end{array} \left(\begin{array}{cc|cc|cc} \mu & \nu & 1 & 0 & & \\ -\nu & \mu & 0 & 1 & & \\ \hline & & \mu & \nu & 1 & 0 \\ & & -\nu & \mu & 0 & 1 \\ \hline & & & & \mu & \nu \\ & & & & -\nu & \mu \end{array}\right).$$

Mehr ist nicht zu zeigen, denn dieses Beispiel überträgt sich mühelos auf alle Blockgrößen $J_d(\lambda)$. Die Eindeutigkeit folgt aus der Eindeutigkeit der komplexen Jordan-Normalform. □

### 2.3.3 Reelle Schur'sche Normalform

Die gleiche Idee wie bei der reellen Jordan-Normalform führt auf die reelle Schur-Normalform.

**Satz 2.11 (Reelle Schur'sche Normalform)** *Für $\mathbb{K} = \mathbb{R}$ gibt es eine Basis, in der $f$ durch eine obere Dreiecks-Blockmatrix*

$$\mathcal{RS}(A) = \begin{pmatrix} \boxed{C_1} & & * \\ & \ddots & \\ 0 & & \boxed{C_n} \end{pmatrix}$$

*repräsentiert wird. Die Blöcke $C_i$ haben dabei die beiden möglichen Gestalten, die auch bei der reellen Jordan-Normalform vorkommen.*

Da der Beweis sich genauso, aber einfacher gestaltet, wie der zu Satz 2.10, führen wir ihn nicht aus.

# Anwendungen 3

In diesem Kapitel schauen wir noch einmal auf die meisten Normalformen und stellen praktische Anwendungen vor oder geben zusätzliche Eigenschaften an. Hier finden Sie auch konkrete Rechenbeispiele.

## 3.1 Smith-Normalform

Die Smith-Normalform ist hilfreich bei der Lösung von linearen Gleichungssystemen, wenn nach ganzzahligen Lösungen gesucht wird. Wir betrachten dazu ein zufällig ausgewähltes Gleichungssystem, welches aber eine nicht ganz triviale Smith-Normalform hat:

$$Ax = b = \begin{pmatrix} b_1 \\ b_2 \\ b_3 \end{pmatrix}, \qquad A = \begin{pmatrix} 2 & 6 & 8 & 4 \\ 5 & 6 & 14 & 7 \\ 5 & 4 & 8 & 7 \end{pmatrix}, \qquad b = \begin{pmatrix} 64 \\ 91 \\ 63 \end{pmatrix}.$$

Der Lösungsvektor $\boldsymbol{x} = (x_1, x_2, x_3, x_4)^\mathsf{T} \in \mathbb{Z}^4$ ergibt sich zu

$$\boldsymbol{x} = \left(x_1, \frac{x_1}{3} + \frac{14}{3}, \frac{28}{9} - \frac{x_1}{9}, \frac{25}{9} - \frac{7x_1}{9}\right)^\mathsf{T}$$

mit frei wählbarem $x_1$. Daraus entnimmt man, dass für eine ganzzahlige Lösung $x_1 \equiv 1 \pmod 9$ sein muss. Der Ansatz $x_1 = 9x + 1$ führt zu

$$\boldsymbol{x} = (9x + 1, 3x + 5, 3 - x, 2 - 7x)^\mathsf{T}$$



D. Riebesehl, *Normalformen von Matrizen*, essentials,
https://doi.org/10.1007/978-3-662-73186-4_3

mit der einzigen positiven Lösung $(1, 5, 3, 2)$ für $x = 0$. Soweit ist das problemlos. Aber für welche Vektoren $\boldsymbol{b}$ gibt es ganzzahlige Lösungen? Die allgemeine Lösung ist

$$\boldsymbol{x} = \left(x_1, \frac{7b_1 - 4b_2 + 6x_1}{18}, \frac{-7b_1 + 13b_2 - 9b_3 - 6x_1}{54}, \frac{-2b_1 - 4b_2 + 9b_3 - 21x_1}{27}\right)^{\mathsf{T}},$$

und es ist u. a. wegen des enthaltenen $x_1$ nicht leicht, Bedingungen an den Vektor $\boldsymbol{b}$ zu finden, die ganzzahlige Lösungen garantieren. Hier hilft die Smith-Normalform. Mit einem CAS-System lässt sich diese leicht finden, und man erhält die Übergangsmatrizen $S$ und $T$ mit $D := \mathcal{SM}(A) = T^{-1}AS$ gleich dazu:

$$T^{-1} = \begin{pmatrix} -2 & 4 & -3 \\ 0 & 1 & -1 \\ -5 & 11 & -9 \end{pmatrix}, \quad S = \begin{pmatrix} 1 & 0 & -10 & -9 \\ 0 & 1 & -3 & -3 \\ 0 & 0 & 1 & 1 \\ 0 & 0 & 6 & 7 \end{pmatrix}, \quad D = \begin{pmatrix} 1 & 0 & 0 & 0 \\ 0 & 2 & 0 & 0 \\ 0 & 0 & 6 & 0 \end{pmatrix}.$$

Damit formt man $A\boldsymbol{x} = \boldsymbol{b}$ um zu $TDS^{-1}\boldsymbol{x} = \boldsymbol{b}$ und weiter zu $DS^{-1}\boldsymbol{x} = T^{-1}\boldsymbol{b}$. Setzt man $\boldsymbol{y} = (y_1, y_2, y_3, y_4) := S^{-1}\boldsymbol{x}$, so hat man $D\boldsymbol{y} = T^{-1}\boldsymbol{b}$, ausgeschrieben

$$\begin{pmatrix} y_1 \\ 2y_2 \\ 6y_3 \end{pmatrix} = \begin{pmatrix} -2b_1 + 4b_2 - 3b_3 \\ b_2 - b_3 \\ -5b_1 + 11b_2 - 9b_3 \end{pmatrix}. \tag{3.1}$$

Hieraus kann man Teilbarkeitsbedingungen ablesen, die $\boldsymbol{b}$ für eine ganzzahlige Lösung erfüllen muss.

Aus ganzzahligem $\boldsymbol{y}$ erhält man ein ganzzahliges $\boldsymbol{x} = S\boldsymbol{y}$, und weil $T^{-1}$ die Determinante 1 hat, erhält man aus Gl. (3.1) einen ganzzahligen Vektor $\boldsymbol{b}$ zu gegebenen $y_1$, $y_2$ und $y_3$:

$$\boldsymbol{b} = T\boldsymbol{y} = \begin{pmatrix} 2y_1 + 6y_2 - 6y_3 \\ 5y_1 + 6y_2 - 12y_3 \\ 5y_1 + 4y_2 - 12y_3 \end{pmatrix}, \qquad \boldsymbol{x} = S\boldsymbol{y} = \begin{pmatrix} y_1 - 10y_3 - 9y_4 \\ y_2 - 3y_3 - 3y_4 \\ y_3 + y_4 \\ 6y_3 + 7y_4 \end{pmatrix}.$$

Damit hat man alle rechten Seiten $\boldsymbol{b}$ gefunden, die zu ganzzahligen Lösungen $\boldsymbol{x}$ führen, und diese Lösungsschar gleich mit dazu.

In Abschn. 3.5 werden wir die Smith-Normalform für Matrizen mit Einträgen in $\mathbb{K}[t]$ verwenden, um die Frobenius-Normalform ohne Rückgriff auf die Jordan-Normalform zu bestimmen.

## 3.2 Singulärwertzerlegung

Die Singulärwertzerlegung einer Matrix $A$ erlaubt es, die Aktion des durch $A$ repräsentierten Homomorphismus $f$ im Wesentlichen durch Streckungen in Richtung bestimmter Vektoren zu beschreiben, wie wir gesehen haben. Aus der Einfachheit dieser Beschreibung folgt, dass es eine ebenso einfache entgegengerichtete Aktion gibt, einen Homomorphismus $f^+ \in \mathrm{Hom}(W, V)$, der beinahe invers zu $f$ ist und durch die $n \times m$-Matrix

$$\mathcal{S}(A)^+ = \left(\begin{array}{cccc|c} \frac{1}{s_1} & & & & \\ & \frac{1}{s_2} & & & \mathbb{O}_{r,m-r} \\ & & \ddots & & \\ & & & \frac{1}{s_r} & \\ \hline & & \mathbb{O}_{n-r,r} & & \mathbb{O}_{n-r,m-r} \end{array}\right)$$

repräsentiert wird. Diese Matrix heißt die **Pseudoinverse** von $\mathcal{S}(A)$. Macht man die Basiswechsel, die von $A$ zu $\mathcal{S}(A) = T^{-1}AS$ führen, rückgängig, erhält man die Matrix $A^+ := S\mathcal{S}(A)^+T^{-1}$, die Pseudoinverse von $A$. Sie ist für alle $A$, auch nichtquadratische und singuläre, definiert und hat viele Eigenschaften einer Inversen:

**Satz 3.1** *Sei $A^+$ die Pseudoinverse der Matrix A. Dann gilt:*

1. $AA^+A = A$ *und* $A^+AA^+ = A^+$.
2. *Ist A invertierbar, dann ist* $A^+ = A^{-1}$.

*Darüber hinaus gilt für Lösungen eines linearen Gleichungssystems:*

3. *Hat die Gleichung* $f(\boldsymbol{x}) = A\boldsymbol{x} = \boldsymbol{b}$ *mehrere Lösungen, so ist* $\boldsymbol{x}_0 := f^+(\boldsymbol{b}) = A^+\boldsymbol{b}$ *die Lösung mit minimaler Norm.*
4. *Hat die Gleichung* $A\boldsymbol{x} = \boldsymbol{b}$ keine *Lösung, so hat* $\boldsymbol{x}_1 := A^+\boldsymbol{b}$ *die Eigenschaft, dass der Fehler* $\|A\boldsymbol{x} - \boldsymbol{b}\|$ *für* $\boldsymbol{x} = \boldsymbol{x}_1$ *minimal wird.*

***Beweis*** Den Beweis führen wir, indem wir in $V$ und $W$ die Basen verwenden, in denen $A$ und $A^+$ durch $\mathcal{S}(A)$ bzw. $\mathcal{S}(A)^+$ repräsentiert werden. Dann ist 1. offensichtlich. 2. ist auch klar, weil dann $r = m = n$ ist.

Für die anderen Aussagen nutzen wir Gl. (1.3) und (1.4). 3. ergibt sich so: Weil $f|_{\text{Bild}(A^\dagger)}$ einen Isomorphismus $\text{Bild}(A^\dagger) \cong \text{Bild}(A)$ liefert, gibt es eine Lösung $\boldsymbol{x}_0 \in \text{Bild}(A^\dagger)$, wenn es überhaupt eine Lösung gibt. Wegen $\text{Bild}(A^\dagger) \perp \text{Kern}(A)$ haben alle anderen Lösungen Anteile in $\text{Kern}(A)$ und sind darum länger. Unsere Basiswechsel sind ja unitär und erhalten Längen!

4. ergibt sich, weil $f^+$ als erste Aktion $\boldsymbol{b}$ auf $\text{Bild}(f) = \text{Bild}(A)$ senkrecht projiziert. Unter $f$ ist das Bild von $\boldsymbol{x}_1 := A^+\boldsymbol{b}$ aber gerade diese Projektion und hat deshalb kürzesten Abstand zu $\boldsymbol{b}$. □

In 1. darf man $AA^+ = \mathbb{1}$ und $A^+A = \mathbb{1}$ natürlich nur dann folgern, wenn $A$ eine Inverse hat.

Satz 3.1 3. und 4. machen beide eine **Minimierungsaussage,** das erklärt die zahlreichen Anwendungen der Singulärwertzerlegung und der Pseudoinversen bei Approximationsaufgaben.

Auch dazu rechnen wir ein einfaches und übersichtliches Beispiel:

$$A = \begin{pmatrix} 1 & 2 & 0 \\ 1 & 2 & 0 \end{pmatrix}, \quad A^\dagger A = \begin{pmatrix} 2 & 4 & 0 \\ 4 & 8 & 0 \\ 0 & 0 & 0 \end{pmatrix}, \quad T = \frac{1}{\sqrt{2}} \begin{pmatrix} 1 & -1 \\ 1 & 1 \end{pmatrix}, \quad S = \frac{1}{\sqrt{5}} \begin{pmatrix} 1 & -2 & 0 \\ 2 & 1 & 0 \\ 0 & 0 & \sqrt{5} \end{pmatrix},$$

$$\mathcal{S}(A) = \begin{pmatrix} \sqrt{10} & 0 & 0 \\ 0 & 0 & 0 \end{pmatrix}, \quad \mathcal{S}(A)^+ = \begin{pmatrix} \frac{1}{\sqrt{10}} & 0 \\ 0 & 0 \\ 0 & 0 \end{pmatrix}, \quad A^+ = S\mathcal{S}(A)^+T^{-1} = \frac{1}{10} \begin{pmatrix} 1 & 1 \\ 2 & 2 \\ 0 & 0 \end{pmatrix}$$

Die Matrix $A^\dagger A$ hat die Eigenwerte 10, 0, 0. Der Eigenvektor zu Eigenwert 10 ist $(1, 2, 0)^\mathsf{T}$. Wegen $A(5, 0, 0)^\mathsf{T} = (5, 5)^\mathsf{T} =: \boldsymbol{b}$ liegt $\boldsymbol{b}$ in $\text{Bild}(A)$. Es aber $A^+\boldsymbol{b} = (1, 2, 0)^\mathsf{T} =: \boldsymbol{x}_0$, daher ist auch $A\boldsymbol{x}_0 = \boldsymbol{b}$, und dies ist der kürzeste Vektor, der unter $A$ auf $\boldsymbol{b}$ abgebildet wird, siehe Abb. 3.1 links. Dort wird die gesamte gestrichelte Gerade, die eigentlich eine auf der Buchebene senkrecht stehende Ebene ist und die $\boldsymbol{x}_0$ und $(5, 0, 0)^\mathsf{T}$ enthält, auf $\boldsymbol{b}$ abgebildet. Wie es sein muss, ist auch $\sqrt{50} = \|\boldsymbol{b}\| = \sqrt{10}\|\boldsymbol{x}_0\|$.

$\boldsymbol{c} := (6, 4)^\mathsf{T} \notin \text{Bild}(A)$, $A^+\boldsymbol{c} = (1, 2, 0)^\mathsf{T}$, und tatsächlich ist $\boldsymbol{b} = AA^+\boldsymbol{c}$ der Vektor in $\text{Bild}(A)$, der $\boldsymbol{c}$ am nächsten liegt, siehe Abb. 3.1 rechts.

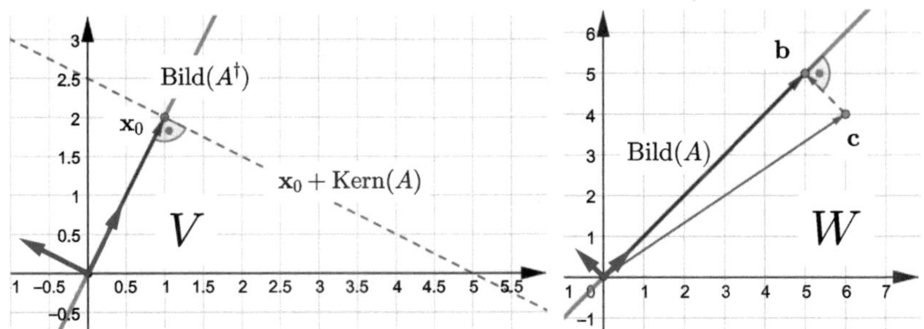


**Abb. 3.1 Beispiel zur Pseudoinversen.** Links ist $V$ zu sehen, rechts $W$. $A\boldsymbol{x}_0 = \boldsymbol{b}$, und $\boldsymbol{x}_0 = A^+\boldsymbol{c}$. Die Vektorpaare im Ursprung zeigen jeweils die Basisvektoren für die Singulärwertzerlegung. Bei $V$ fehlt für diese Basis und für die Standardbasis der dritte Basisvektor, er erstreckt sich senkrecht zur Buchebene in den Raum. Die roten Geraden durch den Ursprung zeigen die beiden Bildräume

## 3.3 Hauptachsen-Normalform

Die Hauptachsen-Normalform ist ein spezieller und besonders übersichtlicher Fall der Jordan-Normalform, daher sind alle Anwendungen der Jordan-Normalform auch Anwendungen der Hauptachsen-Normalform, meist sogar besonders schöne. Wir verweisen dafür auf Abschn. 3.4. Hier wollen wir darauf eingehen, woher der Name *Hauptachsen*-Normalform kommt.

Wir betrachten den Fall, dass $A$ hermitesch ist und deuten $A$ als Repräsentation einer hermiteschen Sesquilinearform wie in Abschn. 1.2.5. Damit kann man die **quadratische Form** $\varphi_A : V \to \mathbb{C}$ bilden mit

$$\varphi_A(\boldsymbol{v}) = \varphi_A(v_1, \ldots, v_n) := \langle \boldsymbol{v}, A\boldsymbol{v} \rangle = \boldsymbol{v}^\dagger A \boldsymbol{v} = \sum_{i,j=1}^{n} a_{ij} \bar{v}_i v_j .$$

Tatsächlich gilt $\varphi_A : V \to \mathbb{R}$:

$$\varphi_A(\boldsymbol{v})^\dagger = (\boldsymbol{v}^\dagger A \boldsymbol{v})^\dagger = \boldsymbol{v}^\dagger A^\dagger \boldsymbol{v} = \boldsymbol{v}^\dagger A \boldsymbol{v} = \varphi_A(\boldsymbol{v}),$$

aber $\varphi_A(\boldsymbol{v})$ ist ein Skalar, Adjunktion davon ist Konjugation, folglich ist $\varphi_A(\boldsymbol{v}) \in \mathbb{R}$. $\varphi_A$ ist also eine reelle quadratische Form in den Real- und Imaginärteilen der Komponenten von $\boldsymbol{v}$. Wir können daher getrost zu $\mathbb{K} = \mathbb{R}$ übergehen, ohne etwas zu verlieren.

Wenn $A$ eine beliebige reelle Matrix ist, dann können wir $A$ zerlegen in eine Summe aus einer symmetrischen und einer anti-symmetrischen Matrix,

$$
\begin{aligned}
&A = A_+ + A_-, \\
&A_+^{\mathsf{T}} = A_+, && A_+ := (a_{ij}^+) = \left(\frac{1}{2}(a_{ij} + a_{ji})\right), \\
&A_-^{\mathsf{T}} = -A_-, && A_- := (a_{ij}^-) = \left(\frac{1}{2}(a_{ij} - a_{ji})\right).
\end{aligned}
$$

Nun ist offensichtlich $\varphi_A = \varphi_{A_+}$, wir können also $A$ als symmetrisch annehmen.

Nach Satz 2.4 4. gibt es eine orthonormale Basis $(\boldsymbol{b}_1, \ldots, \boldsymbol{b}_n)$ von $V$, in der $A$ Diagonalgestalt $\mathcal{H}(A)$ hat. In dieser Basis ist $\boldsymbol{v} = x_1\boldsymbol{b}_1 + \cdots + x_n\boldsymbol{b}_n$ und

$$\varphi_A(\boldsymbol{v}) = \lambda_1 x_1^2 + \cdots + \lambda_n x_n^2$$

mit den Eigenwerten $\lambda_i$ von $A$. Die Menge $Q(\varphi_A) := \{\boldsymbol{v} \in V \mid \varphi_A(\boldsymbol{v}) = 1\}$ der Punkte, für die die quadratische Form den Wert 1 annimmt, sozusagen der *Einheitskreis* dazu, ist eine höherdimensionale **Quadrik,** und die orthonormalen Vektoren $\boldsymbol{b}_i$ sind die **Hauptachsen** dieser Quadrik. Die Transformationsmatrix $S = (\boldsymbol{b}_1, \ldots, \boldsymbol{b}_n)$ „dreht" die Quadrik in die Hauptlage, in der die Koordinatenachsen mit den Hauptachsen der Quadrik zusammenfallen. Die Vorzeichen der Eigenwerte $\lambda_i$ entscheiden über den Typ der Quadrik, im zweidimensionalen Fall über Ellipse oder Hyperbel. Diese Vorzeichen legen auch die Signatur von $A$ fest, siehe Abschn. 3.6.

Wir sehen uns noch ein Zahlenbeispiel im $\mathbb{R}^3$ mit den Koordinaten $x$, $y$ und $z$ an:

$$\varphi_A = x^2 + 4xy + 4xz + 16yz, \quad A = \begin{pmatrix} 1 & 2 & 2 \\ 2 & 0 & 8 \\ 2 & 8 & 0 \end{pmatrix},$$

$$
\begin{aligned}
\chi_A(t) &= \operatorname{Det}(t\mathbb{1} - A) = t^3 - t^2 - 72t = (t-9)(t+8)t, \\
\lambda_1 &= 9, \lambda_2 = -8, \lambda_3 = 0.
\end{aligned}
$$

Die normierten Eigenvektoren verschafft man sich mit einem CAS:

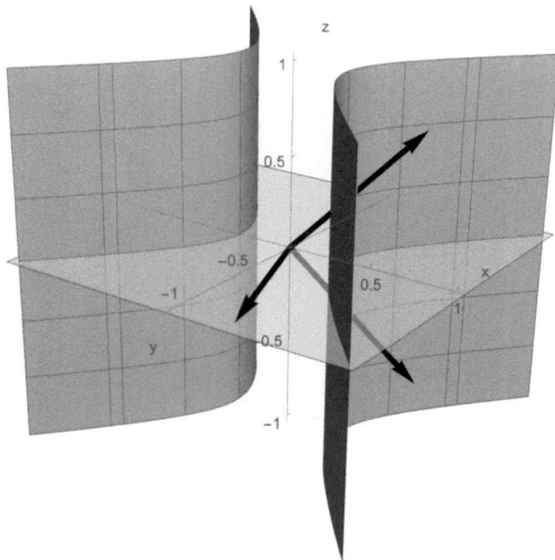


**Abb. 3.2 Hyperbolischer Zylinder.** Gezeigt wird der hyperbolische Zylinder $\varphi_{\mathcal{H}(A)} = 9x^2 - 8y^2 = 1$ zusammen mit den Spaltenvektoren von $S^{\mathsf{T}}$, das sind Vektoren in Richtung der originalen Basis für $A$. Zur Verdeutlichung der Tatsache, dass einer davon in der jetzigen xy-Ebene liegt, ist diese mit eingezeichnet

$$S = (\boldsymbol{b}_1\ \boldsymbol{b}_2\ \boldsymbol{b}_3) = \begin{pmatrix} \frac{1}{3} & -\frac{2}{3}\sqrt{2} & 0 \\ \frac{2}{3} & \frac{1}{6}\sqrt{2} & \frac{1}{2}\sqrt{2} \\ \frac{2}{3} & \frac{1}{6}\sqrt{2} & -\frac{1}{2}\sqrt{2} \end{pmatrix}, \quad \mathcal{H}(A) = S^{-1}AS = \begin{pmatrix} 9 & 0 & 0 \\ 0 & -8 & 0 \\ 0 & 0 & 0 \end{pmatrix},$$

$$\varphi_{\mathcal{H}(A)} = 9x^2 - 8y^2.$$

Mit $\varphi_{\mathcal{H}(A)} = 1$ haben wir einen hyperbolischen Zylinder mit Signatur $(1, 1)$ gefunden. Abb. 3.2 zeigt diesen.

### Simultane Diagonalisierbarkeit

In der Quantenphysik spielt die Diagonalisierbarkeit von Operatoren, die durch Matrizen repräsentiert werden, eine wichtige Rolle, u. a. weil die Eigenwerte die möglichen Messwerte der durch den Operator dargestellten physikalischen Größe sind. Dabei stellt sich auch die Frage, ob es zu zwei Operatoren, sprich Matrizen $A_1$ und $A_2$, eine Basis gibt, in der beide gleichzeitig Diagonalgestalt annehmen.

Genau dann nämlich sind die physikalischen Größen gleichzeitig messbar. Es gibt ein einfaches Kriterium für die simultane Diagonalisierbarkeit:

**Satz 3.2** *Zwei normale Matrizen $A_1$ und $A_2$ sind simultan diagonalisierbar, d. h. es gibt eine unitäre Matrix $S$ und Diagonalmatrizen $D_1$ und $D_2$ mit $S^{-1}A_1S = D_1$ und $S^{-1}A_2S = D_2$ $\Longleftrightarrow$ die beiden Matrizen kommutieren, also $A_1A_2 = A_2A_1$.*

***Beweis*** $\Longrightarrow$:

$$A_1A_2 = SD_1S^{-1}SD_2S^{-1} = SD_1D_2S^{-1} = SD_2D_1S^{-1} = \\ = SD_2S^{-1}SD_1S^{-1} = A_2A_1.$$

$\Longleftarrow$: Es seien $\widetilde{\lambda}_1, \ldots, \widetilde{\lambda}_k$ die paarweise verschiedenen Eigenwerte von $A_1$. $V$ hat eine Zerlegung als direkte Summe von paarweise orthogonalen Eigenräumen,

$$V = \mathcal{E}_{\widetilde{\lambda}_1} \oplus \cdots \oplus \mathcal{E}_{\widetilde{\lambda}_k}.$$

Wir wählen $\boldsymbol{v} \in E_i := \mathcal{E}_{\widetilde{\lambda}_i}$ und rechnen

$$A_1A_2\boldsymbol{v} = A_2A_1\boldsymbol{v} = A_2(\widetilde{\lambda}_i\boldsymbol{v}) = \widetilde{\lambda}_iA_2\boldsymbol{v}.$$

Das heißt aber, dass $A_2\boldsymbol{v} \in E_i$ ist. Das gilt für jeden Vektor aus jedem Eigenraum. Diese sind also auch invariante Unterräume für $A_2$. Die Einschränkung $A_2|_{E_i}$ ist normal, weil $A_2$ selbst normal ist. Wegen Satz 2.4 gibt es eine Basis von $E_i$ aus Eigenvektoren von $A_2$, in der $A_2|_{E_i}$ Diagonalform hat. Alle Vektoren aus $E_i$ sind aber auch Eigenvektoren von $A_1$. Setzt man die so gefundenen Basen der $E_i$ zu einer Basis von $V$ zusammen, so haben $A_1$ und $A_2$ in dieser Basis gleichzeitig Diagonalgestalt. □

Auch dazu rechnen wir ein Beispiel, der Einfachheit halber in $\mathbb{R}$. Die beiden Matrizen sind symmetrisch, folglich normal und diagonalisierbar:

$$A_1 = \begin{pmatrix} -7 & 16 & -8 \\ 16 & -7 & 8 \\ -8 & 8 & 5 \end{pmatrix}, \qquad A_2 = \begin{pmatrix} 10 & -2 & 0 \\ -2 & 9 & -2 \\ 0 & -2 & 8 \end{pmatrix}.$$

Dass die beiden Matrizen kommutieren, rechnet man leicht nach. Mit einem CAS beschaffen wir uns eine unitäre Transformationsmatrix zur Diagonalisierung von $A_1$:

$$S = \begin{pmatrix} \frac{2}{3} & -\frac{1}{\sqrt{5}} & \frac{4}{3\sqrt{5}} \\ -\frac{2}{3} & 0 & \frac{5}{3\sqrt{5}} \\ \frac{1}{3} & \frac{2}{\sqrt{5}} & \frac{2}{3\sqrt{5}} \end{pmatrix}, \qquad A_1' = S^\mathsf{T} A_1 S = \begin{pmatrix} -27 & 0 & 0 \\ 0 & 9 & 0 \\ 0 & 0 & 9 \end{pmatrix}.$$

Wir wenden den Basiswechsel auch auf $A_2$ an:

$$A_2' = \begin{pmatrix} 12 & 0 & 0 \\ 0 & \frac{42}{5} & -\frac{6}{5} \\ 0 & -\frac{6}{5} & \frac{33}{5} \end{pmatrix}, \qquad A_2'|_{E_2} = \begin{pmatrix} \frac{42}{5} & -\frac{6}{5} \\ -\frac{6}{5} & \frac{33}{5} \end{pmatrix}.$$

Die Einschränkung von $A_2'$ auf den zweiten Eigenraum von $A_1$ zum doppelten Eigenwert 9 haben wir auch angegeben, sie ist wieder normal, nämlich symmetrisch. Auch dazu finden wir eine Transformationsmatrix:

$$X = \begin{pmatrix} -\frac{2}{\sqrt{5}} & \frac{1}{\sqrt{5}} \\ \frac{1}{\sqrt{5}} & \frac{2}{\sqrt{5}} \end{pmatrix}, \qquad X^\mathsf{T} A_2'|_{E_2} X = \begin{pmatrix} 9 & 0 \\ 0 & 6 \end{pmatrix}.$$

Die Spaltenvektoren von $X$ erweitern wir zu Vektoren im $\mathbb{R}^3$ durch Nullen in der ersten Komponente, die zum Eigenraum $E_1$ von $A_1$ gehört. Als erste Spalte fügen wir $(1\ 0\ 0)^\mathsf{T}$ hinzu, denn $E_1$ ist automatisch auch schon Eigenraum für $A_2$, und zwar zum Eigenwert 12. So erhalten wir die Transformationsmatrizen $T$ für einen zweiten und $P = ST$ für den gesamten Basiswechsel:

$$T = \begin{pmatrix} 1 & 0 & 0 \\ 0 & -\frac{2}{\sqrt{5}} & \frac{1}{\sqrt{5}} \\ 0 & \frac{1}{\sqrt{5}} & \frac{2}{\sqrt{5}} \end{pmatrix}, \qquad P = ST = \begin{pmatrix} \frac{2}{3} & \frac{2}{3} & \frac{1}{3} \\ -\frac{2}{3} & \frac{1}{3} & \frac{2}{3} \\ \frac{1}{3} & -\frac{2}{3} & \frac{2}{3} \end{pmatrix}.$$

Damit sind $A_1$ und $A_2$ simultan diagonalisierbar:

$$P^\mathsf{T} A_1 P = \begin{pmatrix} -27 & 0 & 0 \\ 0 & 9 & 0 \\ 0 & 0 & 9 \end{pmatrix}, \qquad P^\mathsf{T} A_2 P = \begin{pmatrix} 12 & 0 & 0 \\ 0 & 9 & 0 \\ 0 & 0 & 6 \end{pmatrix}.$$

## 3.4 Jordan-Normalform

Die Jordan-Normalform gibt die genaueste Auskunft über die Eigenschaften eines Endomorphismus, sie ist zudem immer erreichbar, wenn der Grundkörper algebraisch abgeschlossen ist. Daher hat sie trotz der Tatsache, dass sie auch für reelle Matrizen komplexe Einträge haben kann, viele praktische Anwendungen. Eine davon wollen wir uns genauer ansehen.

### Systeme von linearen Differentialgleichungen

Eine lineare homogene Differentialgleichung der Gestalt $y'(x) = ay(x)$ für eine differenzierbare Funktion $y\colon \mathbb{R} \to \mathbb{R}$ hat bekanntlich die Lösung $y(x) = c\mathrm{e}^{ax}$, wenn man noch die Anfangsbedingung $y(0) = c$ vorgibt. Für homogene Systeme von linearen Differentialgleichungen (SLDG) gibt es eine ähnlich elegante Lösung. Dafür wird die Exponentialfunktion von Matrizen benötigt, die durch die Reihe

$$\mathrm{e}^A := \sum_{i=0}^{\infty} \frac{1}{i!} A^i \tag{3.2}$$

definiert ist. Man sieht leicht ein, dass diese Reihe für beliebige Matrizen $A$ konvergiert. Ist nämlich $C$ eine obere Schranke für die Beträge der Komponenten von $A$, $|a_{ij}| \leq C$, dann ist $nC^2$ eine solche für die Komponenten von $A^2$, $n^2C^3$ eine für die Komponenten von $A^3$ usw. Diese Beträge wachsen also nur geometrisch, was die absolute Konvergenz der Reihe garantiert.

Für kommutierende Matrizen $A$ und $B$ und eine invertierbare Matrix $S$ gelten die Rechenregeln

$$\mathrm{e}^{A+B} = \mathrm{e}^A \mathrm{e}^B, \qquad (\mathrm{e}^A)^{-1} = \mathrm{e}^{-A}, \qquad \mathrm{e}^{S^{-1}AS} = S^{-1}\mathrm{e}^A S, \qquad \mathrm{e}^{\mathbb{O}} = \mathbb{1},$$

wie man sich leicht überlegt. Insbesondere verhält sich $\mathrm{e}^A$ bei einem Basiswechsel genau so wie $A$ selbst.

Für einen Vektor $\boldsymbol{v}$ von Funktionen, eine Matrix $A$ und einen Vektor von Anfangswerten $\boldsymbol{c}$ sieht die Lösung eines SLDG formal genauso aus wie Gl. (3.2):

$$\boldsymbol{y}'(x) = A\boldsymbol{y}(x),\ \boldsymbol{y}(0) = \boldsymbol{c} \qquad \text{hat die Lösung} \qquad \boldsymbol{y}(x) = \mathrm{e}^{xA}\boldsymbol{c}.$$

Was passiert mit SLDG's bei einem Basiswechsel? Sei dazu $B := S^{-1}AS$. Wegen $S^{-1}A = BS^{-1}$ kann man das SLDG umschreiben:

$$\boldsymbol{y}' = A\boldsymbol{y} \Longrightarrow \left(S^{-1}\boldsymbol{y}\right)' = S^{-1}A\boldsymbol{y} = B\left(S^{-1}\boldsymbol{y}\right).$$

Setzt man $\boldsymbol{z} = S^{-1}\boldsymbol{y}$ und löst das SLDG $\boldsymbol{z}' = B\boldsymbol{z}$ mit der Anfangsbedingung $\boldsymbol{z}(0) = S^{-1}\boldsymbol{c}$, dann löst folglich $\boldsymbol{y} = S\boldsymbol{z}$ das ursprüngliche System.

Hier kommt die Jordan-Normalform ins Spiel. Für den Fall, dass alle Jordan-Blöcke zu $A$ die Größe 1 haben, die Jordan-Normalform also die Hauptachsen-Normalform ist und $B = \begin{pmatrix} \lambda_1 & & \\ & \ddots & \\ & & \lambda_n \end{pmatrix}$ Diagonalgestalt hat, zerfällt das SLDG in $n$ normale Differentialgleichungen $z_i'(x) = \lambda_i z_i(x)$. Es ist auch $\mathrm{e}^{xB} = \begin{pmatrix} \mathrm{e}^{\lambda_1 x} & & \\ & \ddots & \\ & & \mathrm{e}^{\lambda_n x} \end{pmatrix}$ eine Diagonalmatrix. Die Lösung schreibt sich dann als $\boldsymbol{z}(x) = \mathrm{e}^{xB}\boldsymbol{z}(0)$ bzw. $\boldsymbol{y}(x) = S\mathrm{e}^{xB}S^{-1}\boldsymbol{c}$.

Für die Jordan-Normalform mit größeren Blöcken können wir wie stets jeden Jordan-Block einzeln betrachten und die Teile hinterher zusammensetzen. Nehmen wir also $B = J_n(\lambda)$ an. Wir zerlegen $J_n(\lambda)$ wie folgt:

$$\begin{aligned} J_n(\lambda) &= \begin{pmatrix} \lambda & 1 & & \\ & \ddots & \ddots & \\ & & \ddots & 1 \\ & & & \lambda \end{pmatrix} = \begin{pmatrix} \lambda & 0 & & \\ & \ddots & \ddots & \\ & & \ddots & 0 \\ & & & \lambda \end{pmatrix} + \begin{pmatrix} 0 & 1 & & \\ & \ddots & \ddots & \\ & & \ddots & 1 \\ & & & 0 \end{pmatrix} = \\ &= \lambda\mathbb{1} + J_n(0). \end{aligned}$$

Damit wird $\mathrm{e}^{xB} = \mathrm{e}^{x\lambda\mathbb{1}}\mathrm{e}^{x\cdot J_n(0)} = \mathrm{e}^{x\lambda}\mathrm{e}^{x\cdot J_n(0)}$. Das ist sehr übersichtlich bis auf $\mathrm{e}^{x\cdot J_n(0)}$. $J_n(0)$ ist aber **nilpotent,** denn es ist $J_n(0)^{n-1} = \mathbb{O}$. Die Exponentialfunktion reduziert sich zu einem Polynom, dessen Resultat wir uns für $n = 5$ anschauen:

$$\mathrm{e}^{x\cdot J_n(0)} = \begin{pmatrix} 1 & x & \frac{1}{2}x^2 & \frac{1}{6}x^3 & \frac{1}{24}x^4 \\ 0 & 1 & x & \frac{1}{2}x^2 & \frac{1}{6}x^3 \\ 0 & 0 & 1 & x & \frac{1}{2}x^2 \\ 0 & 0 & 0 & 1 & x \\ 0 & 0 & 0 & 0 & 1 \end{pmatrix}$$

Daraus ist ersichtlich, wie diese Matrix für beliebiges $n$ ausieht (Sie haben die Anfänge der Taylorreihe zu $\mathrm{e}^x$ gesehen, oder?).

Das SLDG ist nicht ganz so schön entkoppelt wie im Falle der Diagonalisierung, aber es hängen nur höchstens zwei der neuen Funktionen $z_i(x)$ in einer Differentialgleichung zusammen:

$$z_1' = \lambda z_1 + z_2, \quad z_2' = \lambda z_2 + z_3, \quad \ldots \quad z_{n-1}' = \lambda z_{n-1} + z_n, \quad z_n' = \lambda z_n.$$

Die einzelnen Jordan-Blöcke sind aber immer noch unabhängig voneinander. Es lohnt sich also sicher, zu den neuen Funktionen überzugehen.

Wir sehen uns ein Beispiel an:

$$A = \begin{pmatrix} 7 & -5 & 0 & 5 \\ 9 & -7 & 0 & 4 \\ 8 & -3 & -3 & 4 \\ -1 & 1 & 0 & -4 \end{pmatrix}, \quad \begin{aligned} y_1' &= 7y_1 - 5y_2 + 5y_4, \\ y_2' &= 9y_1 - 7y_2 + 4y_4, \\ y_3' &= 8y_1 - 3y_2 - 3y_3 + 4y_4, \\ y_4' &= -y_1 + y_2 - 4y_4. \end{aligned}$$

Als Anfangswertvektor geben wir $\boldsymbol{c} = (2, 2, 2, -1)^{\mathsf{T}}$ vor. Dann ist $\boldsymbol{z}_0 = S^{-1}\boldsymbol{c} = (1, 1, 1, 1)^{\mathsf{T}}$ der neue Anfangsvektor.

$$S = \begin{pmatrix} 0 & 0 & 1 & 1 \\ 0 & 1 & 0 & 1 \\ 1 & 0 & 0 & 1 \\ 0 & 1 & -2 & 0 \end{pmatrix}, \quad J = S^{-1}AS = \begin{pmatrix} -3 & 1 & 0 & 0 \\ 0 & -3 & 1 & 0 \\ 0 & 0 & -3 & 0 \\ 0 & 0 & 0 & 2 \end{pmatrix}, \quad \begin{aligned} z_1' &= -3z_1 + z_2, \\ z_2' &= -3z_2 + z_3, \\ z_3' &= -3z_3, \\ z_4' &= \ \ 2z_4. \end{aligned}$$

Wir finden die Lösung des transformierten Systems:

$$\mathrm{e}^{xJ} = \begin{pmatrix} e^{-3x} & e^{-3x}x & \frac{1}{2}e^{-3x}x^2 & 0 \\ 0 & e^{-3x} & e^{-3x}x & 0 \\ 0 & 0 & e^{-3x} & 0 \\ 0 & 0 & 0 & e^{2x} \end{pmatrix}, \quad \boldsymbol{z}(x) = \mathrm{e}^{xJ}\boldsymbol{z}_0 = \begin{pmatrix} e^{-3x}(\frac{1}{2}x^2 + x + 1) \\ e^{-3x}(x+1) \\ e^{-3x} \\ e^{2x} \end{pmatrix}.$$

Nun ist es nur noch ein Schritt bis zur Lösung des originalen SLDGs:

$$\boldsymbol{y}(x) = S\mathrm{e}^{xJ}S^{-1}\boldsymbol{c} = \begin{pmatrix} e^{-3x} + e^{2x} \\ e^{-3x}(x+1) + e^{2x} \\ e^{-3x}(\frac{1}{2}x^2 + x + 1) + e^{2x} \\ e^{-3x}(x-1) \end{pmatrix}$$

Dies konnte natürlich nur eine kleine Kostprobe sein. Wenn Sie mehr über Differentialgleichungen wissen möchten, können sie in [2] schauen.

**Anmerkungen zur numerischen Berechnung**

Die Jordan-Normalform erfordert die Nullstellenbestimmung von $\chi_A$. Ihre Gestalt hängt empfindlich von der Verteilung der Nullstellen ab. Numerisch kann es schwierig sein, zwischen einfachen und mehrfachen Nullstellen von $\chi_A$ zu unterscheiden, aber dieser Unterschied ist entscheidend für die Größe von Jordan-Blöcken. Davon ist auch die Hauptachsen-Normalform betroffen, denn letztlich kann auch die Entscheidung, ob eine Matrix diagonalisierbar ist oder nicht, bei schlecht konditionierten Matrizen numerisch nicht immer klar getroffen werden. Man kann dies durch die Feststellung auf den Punkt bringen, dass die Abbildung $A \to \mathcal{J}(A)$ unstetig ist:

$$\mathcal{J}\left(\begin{pmatrix}1 & \varepsilon\\ 0 & 1\end{pmatrix}\right) = \begin{pmatrix}1 & 1\\ 0 & 1\end{pmatrix} \text{ für } \varepsilon \neq 0, \quad \Longrightarrow \quad \lim_{\varepsilon\to 0} \mathcal{J}\left(\begin{pmatrix}1 & \varepsilon\\ 0 & 1\end{pmatrix}\right) = \begin{pmatrix}1 & 1\\ 0 & 1\end{pmatrix},$$
$$\text{aber } \mathcal{J}\left(\begin{pmatrix}1 & 0\\ 0 & 1\end{pmatrix}\right) = \begin{pmatrix}1 & 0\\ 0 & 1\end{pmatrix}.$$

Von diesem Problem sind aber auch die Äquivalenznormalform und die Sylvester-Normalform betroffen, nicht aber die Frobenius-Normalform.

## 3.5 Frobenius-Normalform

Wir hatten die Frobenius-Normalform aus der Jordan-Normalform abgeleitet. Das ist einerseits elegant, weil sich die Polynome zu den Begleitmatrizen sofort aus der Jordan-Normalform ablesen lassen, andererseits aber insofern unschön, als die Frobenius-Normalform ja gerade *ohne* die Zerlegung von $\chi_A$ in evtl. komplexe Linearfaktoren auskommen sollte.

Wir wollen uns eine Möglichkeit ansehen, diese Polynome direkt zu finden, zum Beweis siehe [8, Abschn. VI.2]. Dazu bildet man die Matrix $B(t) = t\mathbb{1} - A$ und wendet darauf das Verfahren an, mit dem die Smith-Normalform gefunden wurde. Allerdings enthält $B(t)$ jetzt als Einträge (lineare) Polynome aus $\mathbb{K}[t]$, und der ggT von Matrixeinträgen, der bei der Smith-Normalform die entscheidende Rolle spielte, ist jetzt der ggT von Polynomen. Wir sehen uns das Verfahren am Beispiel der Matrix $A = \begin{pmatrix}2 & 1 & & \\ & 2 & & \\ & & 1 & \\ & & & 1\end{pmatrix}$ an. Ja, $A$ ist schon in Jordan-Normalform und enthält die drei Jordan-Blöcke $J_2(2)$, $J_1(1)$ und $J_1(1)$ Die ersten beiden liefern uns $p_A(t) = (t-2)^2(t-1)$, der verbleibende dritte Jordan-Block $J_1(1)$ liefert das zweite Polynom $p_2(t) = \chi_A(t)/p_A(t) = (t-1)$. Damit ist klar, was herauskommen muss.

Die Umwandlung von $B(t) = t\mathbb{1} - A$ in Smith-Normalform versucht wieder, eine Diagonalform zu bekommen, bei der jeder Eintrag ein normiertes Polynom ist und den jeweils nächsten Eintrag in der Diagonalen *als Polynom* teilt. Die einzelnen Schritte sehen wie folgt aus und werden anschließend kommentiert:

$$B = \begin{pmatrix} (t-2) & -1 & & \\ & (t-2) & & \\ & & (t-1) & \\ & & & (t-1) \end{pmatrix} \overset{1.}{\to} \begin{pmatrix} -1 & (t-2) & & \\ (t-2) & & & \\ & & (t-1) & \\ & & & (t-1) \end{pmatrix} \overset{2.}{\to}$$

$$\begin{pmatrix} -1 & 0 & & \\ 0 & (t-2)^2 & & \\ & & (t-1) & \\ & & & (t-1) \end{pmatrix} \overset{3.}{\to} \begin{pmatrix} -1 & & & \\ & (t-1) & & \\ & & (t-1) & \\ & & & (t-2)^2 \end{pmatrix} \overset{4.}{\to}$$

$$\begin{pmatrix} -1 & & & \\ & (t-1) & & \\ & & (t-1) & (t-2)^2 \\ & & & (t-2)^2 \end{pmatrix} \overset{5.}{\to} \begin{pmatrix} -1 & & & \\ & (t-1) & & \\ & & 1 & 0 \\ & & (t-2)^2 & (t-1)(t-2)^2 \end{pmatrix} \overset{6.}{\to}$$

$$\begin{pmatrix} -1 & & & \\ & (t-1) & & \\ & & 1 & 0 \\ & & 0 & (t-1)(t-2)^2 \end{pmatrix} \overset{7.}{\to} \begin{pmatrix} 1 & & & \\ & 1 & & \\ & & (t-1) & \\ & & & (t-1)(t-2)^2 \end{pmatrix}$$

1. In $B$ werden die ersten beiden Spalten vertauscht, damit ein Polyom kleinsten Grades, nämlich vom Grad 0, an der ersten Stelle der Diagonalen steht.
2. Das $(t-2)$-fache der ersten Zeile wird zur zweiten Zeile addiert, anschließend wird das $(t-2)$-fache der ersten Spalte zur zweiten Spalte addiert.
3. Die Einträge auf der Diagonalen werden nach Polynomgrad aufsteigend sortiert.
4. Der dritte Eintrag auf der Diagonalen teilt *nicht* den vierten Eintrag. Wir addieren die vierte Zeile zur dritten.
5. In der dritten Zeile stehen die zwei Polynome $(t-1)$ und $(t-2)^2$. Ihr ggT ist 1, und wir haben die Gleichung

$$-(t-3)(t-1) + 1 \cdot (t-2)^2 = 1.$$

Analog zum Vorgehen bei der Smith-Normalform in Abschn. 2.1.2 multiplizieren wir von rechts mit der Matrix

$$\begin{pmatrix} 1 & & & \\ & 1 & & \\ & & -(t-3) & -(t-2)^2 \\ & & 1 & (t-1) \end{pmatrix}.$$

Diese hat Determinante 1, ihr Inverses hat daher Polynome in $t$ als Einträge, nicht etwa rationale Funktionen.

6. Wir subtrahieren das $(t-2)^2$-fache der dritten Zeile von der vierten Zeile.
7. Wir sortieren die Diagonaleinträge um, so dass die Bedingung erfüllt ist, dass jeder Diagonaleintrag alle folgenden teilt. Außerdem ändern wir die $-1$ zu 1.

Die letzte Matrix zeigt die Invariantenteiler von $A$, deren Begleitmatrizen die Frobenius-Normalform bilden, auf der Diagonalen, allerdings in umgekehrter Reihenfolge, $p_A(t)$ steht als letztes, weitere stehen aufsteigend davor. Das Ergebnis ist aber in Übereinstimmung mit dem, was wir schon gesehen haben.

In diesem einfachen Beispiel kommen alle nötigen Schritte vor, die auch für allgemeine Matrizen zum Ziel führen. Das Prinzip ist damit klar, allerdings ist es mühsam, das von Hand durchzuführen.

Die Frobenius-Normalform hat kaum praktische Anwendungen. Ihre Bedeutung resultiert aus dem folgenden Satz.

**Satz 3.3** *Zwei Matrizen A und B sind genau dann ähnlich, wenn ihre Frobenius-Normalformen übereinstimmen,*

$$A \simeq B \iff \mathcal{F}(A) = \mathcal{F}(B).$$

***Beweis*** $\Longleftarrow$: $S^{-1}AS = \mathcal{F}(A) = \mathcal{F}(B) = T^{-1}BT$ mit geeigneten Matrizen $S$ und $T$, daraus folgt $A = ST^{-1}BTS^{-1} = (TS^{-1})^{-1}B(TS^{-1})$.

$\Longrightarrow$: $A \simeq B \Longrightarrow B = X^{-1}AX$ mit geeigneter Matrix $X$. Für die Minimalpolynome von $A$ und $B$ folgt nun $p_A(B) = p_A(X^{-1}AX) = X^{-1}p_A(A)X = \mathbb{O}$, also muss $p_B | p_A$ gelten. Analog schließt man auf $p_A | p_B$ und es folgt $p_A = p_B$. Damit stimmen die ersten Invariantenteiler von $A$ und $B$ schon überein. Nun schließt man induktiv, dem Beweis von Satz 2.7 folgend, auf die Gleichheit der übrigen Invariantenteiler. □

Eine interessante Folgerung daraus ist, dass eine quadratische Matrix zu ihrer Transponierten ähnlich ist,

$$A \simeq A^{\mathsf{T}}.$$

Dies folgt sofort aus $g(A)^{\mathsf{T}} = g(A^{\mathsf{T}})$ für jedes Polynom aus $g \in \mathbb{K}[t]$, also insbesondere für das Minimalpolynom und alle Invariantenteiler. Oder man überlegt sich, dass man das am Anfang dieses Abschnitts beschriebene Verfahren zur Bestimmung der Invariantenteiler für $A^{\mathsf{T}}$ so durchführt, dass man alle Schritte für $A$ wiederholt, aber gespiegelt (transponiert), und ein identisches Ergebnis erhält.

## 3.6 Sylvester-Normalform

Die Bedeutung der Sylvester-Normalform liegt vor allem darin, dass sie ein Kriterium dafür liefert, dass zwei Matrizen kongruent sind.

Zwei Matrizen $A_1$ und $A_2$ sind kongruent genau dann, wenn sie dieselbe Sylvester-Normalform haben, $\mathcal{SY}(A) = \mathcal{SY}(B)$, d. h. wenn ihre **Signaturen,** definiert mit den Bezeichnungen von Satz 2.9 als

$$\operatorname{sign}(A) = \operatorname{sign}(\mathcal{SY}(A)) := (n_+, n_-),$$

übereinstimmen. Die Signatur ist daher auch für eine hermitesche Sesquilinearform definiert.

Die Signatur und damit die Sylvester-Normalform geben Auskunft über wichtige Eigenschaften von $A$ und auch der dadurch repräsentierten hermiteschen Sesquilinearform:

- $A$ heißt **positiv semidefinit** für $\operatorname{sign}(A) = (r, 0)$, $0 \leq r < n$,
- $A$ heißt **negativ semidefinit** für $\operatorname{sign}(A) = (0, r)$, $0 \leq r < n$,
- $A$ heißt **positiv definit** für $\operatorname{sign}(A) = (n, 0)$, die repräsentierte Sesquilinearform ist dann ein (allgemeines) inneres Produkt,
- $A$ heißt **negativ definit** für $\operatorname{sign}(A) = (0, n)$.

Insbesondere bestimmt die Signatur den Typ der Quadrik, die durch $A$ definiert ist, siehe dazu noch einmal Abschn. 3.3.

# Was Sie aus diesem *essential* mitnehmen können

In diesem essential über Normalformen von Matrizen haben Sie…

- eine Übersicht über die durch eine Matrix definierten Unterräume eines Vektorraumes bekommen,
- die wichtigsten Normalformen und die nötigen Voraussetzungen für ihre Existenz kennengelernt,
- gesehen, in welchen Zusammenhängen welche Normalform anwendbar und nützlich ist.



D. Riebesehl, *Normalformen von Matrizen*, essentials,
https://doi.org/10.1007/978-3-662-73186-4

# Literatur


1. Siegfried Bosch: Lineare Algebra: Ein Grundkurs mit Aufgabentrainer. 6. Auflage. Springer Spektrum, Berlin (2021)
2. Wilhelm Forst, Dieter Hoffmann: Gewöhnliche Differentialgleichungen. 2. Auflage. Springer Spektrum, Berlin (2013)
3. Peter Knabner, Wolf Barth: Lineare Algebra, Grundlagen und Anwendungen. 2. Auflage. Springer Spektrum, Berlin (2018)
4. Jörg Liesen, Volker Mehrmann: Lineare Algebra: Ein Lehrbuch über die Theorie mit Blick auf die Praxis. 4. Auflage. Springer Spektrum, Berlin (2024)
5. Thomas C. T. Michaels, Marcel Liechti: Prüfungstraining Lineare Algebra. Birkhäuser, Berlin (2023)
6. Andreas Müller: Lineare Algebra: Eine anwendungsorientierte Einführung. 4. Auflage. Springer Vieweg, Berlin (2023)
7. Gregor Kemper, Fabian Reimers: Lineare Algebra: Mit einer Einführung in diskrete Mathematik und Mengenlehre. Springer Spektrum, Berlin (2022)
8. Birgit Richter: Lineare Algebra und Analytische Geometrie. Vorlesungsskript, Hamburg (2020)
9. David S. Watkins: Fundamentals of Matrix Computations. 3. Edition. John Wiley & Sons, Hoboken (2010)



D. Riebesehl, *Normalformen von Matrizen*, essentials,
https://doi.org/10.1007/978-3-662-73186-4

# Stichwortverzeichnis




D. Riebesehl, *Normalformen von Matrizen*, essentials,
https://doi.org/10.1007/978-3-662-73186-4

MIX
Papier aus verantwortungsvollen Quellen
Paper from responsible sources
FSC® C105338

If you have any concerns about our products,
you can contact us on
**ProductSafety@springernature.com**

In case Publisher is established outside the EU,
the EU authorized representative is:
**Springer Nature Customer Service Center GmbH**
**Europaplatz 3, 69115 Heidelberg, Germany**

Printed by Libri Plureos GmbH
in Hamburg, Germany